中国高等院校建筑学科精品教材

冯炜 / 著

建筑设计基础

上海人民美術出版社

前言

古人写文章讲求“起承转合”，《建筑设计基础》（简称《基础》）顾名思义，在整个设计教学过程中是这个“起”，开端和入门，为以后的学习做个铺垫和准备，重要性不言而喻。但事实上，它又是一门比较尴尬的课程。绝大部分的学生在完成大学学习后丝毫记不清当初学《基础》这门课是干什么的。究其原因，大致有三。首先，《基础》不是建筑设计所有知识的一个预览。想要在这样短的时间和篇幅之内将建筑设计所涵盖的知识面粗略地过一遍，自然囫囵吞枣，不求甚解。其次，基础也不仅仅是基本技能的训练。线条训练、字体训练、平面立体构成是需要的，但是如果以此为设计初步的主干内容，往往容易误导学生，也会扼杀学习的兴趣和热情。再者，设计实践日新月异，《基础》这门课也不能固步自封，应该引导学生应对将来学习和实践过程中的未知。基于这些考虑，本书注重的是建筑设计学习的基本议题，以怎样的心态和方法去学，如何体验和思考建筑，如何了解建筑的基本要素和核心问题。

全书分为十一个章节，前四章重点在于讲述建筑设计专业的特点、思维方式以及学习方法。接下来三章选择了一些基本概念和认识，放在了历史的视野里考察。最后一部分则是以课程设计的方式，希望学生在实践操作过程中，体验和享受设计。希望读者在读完此书若干年以后，即使忘却了书里面讲授的知识要点，但仍然能够记着和实践着“创造性解决问题”这一设计的根本宗旨。

目录

第一章 概 述 6

第一节 建筑与建筑设计 7

第二节 建筑设计：一种知识体系 11

第三节 建筑设计：一种社会化实践 12

第二章 如何学习建筑设计 16

第一节 建筑设计专业的特点 17

第二节 设计思维 21

第三节 工作室文化 25

第三章 视觉表达和沟通 33

第一节 语言和视觉媒介 34

第二节 视觉体验和思考 35

第三节 视觉表达的传统 36

第四节 微缩的建筑：三维模型 53

第五节 语言沟通 56

第四章 解读建筑 58

第一节 记忆与设计 59

第二节 先例与设计 60

第三节 先例解读：瓦尔斯温泉浴场 62

第五章 建筑材料 67

第一节 材料的建筑学问题 68

第二节 砖与石材 75

第三节 混凝土 76

第四节 木材 78

第五节 钢与玻璃 81

第六节 其他合成材料 83

第六章 结构和空间 86

第一节 结构逻辑与空间逻辑 87

第二节 常见建筑结构体系 92

第七章　比例、尺度和模数　96
第一节　古典时代的比例概念　97
第二节　柯布西耶与模数　98
第三节　尺度　101

第八章　基地和场所　104
第一节　基地环境　105
第二节　场所叙事　108

第九章　课程设计一：灯具设计　116

第十章　课程设计二：坐具设计　126

第十一章　课程设计三：学生居住单元　135

后　记　143

第一章

概 述

在树林里见到一个小土坡，6 英尺长、3 英尺宽，我们用铲子将其找平成一个小金字塔，然后开始思忖，内心中有一个声音说：这里有人长眠，这就是建筑。[1]

——阿道夫·路斯（Adolf Loos）

你觉得研究哲学很艰难，但是我可以告诉你，相比起做一个好的建筑师，这都不算什么。[2]

——路德维希·维特根斯坦（Ludwig Wittgenstein）

第一节 建筑与建筑设计

建筑（Architecture）源于拉丁文 architectura，字面上解释为首席工匠（archi：首席的、主要的；tectura：工匠，木匠或石匠）。建筑师来自工匠，直接操作建筑材料，构筑房屋。同时，“首席和主要”意味着建筑师也是建筑工程的管理者、组织者和协调者，需要较为宽泛的知识构架和沟通能力，能够统筹安排和领导建设过程。那么在现代语境当中，建筑的含义是怎样的呢?

i. 泛指所有的建筑物或构筑物；

ii. 设计建筑物所涉及的艺术和科学；

iii. 建筑物和构筑物的风格和建造方法；

iv. 职业和学科：包括围绕规划、设计和建造建筑物所提供的专业服务。

建筑这个词在日常生活中使用频率很高，除了以上提到的意思外，还广泛运用在其他语境和行业。建筑可以泛指一系列的结构体系，例如计算机系统的构建等。尽管建筑是一个运用如此广泛的概念，却很难给出一个明确的封闭定义。从设计实践的角度来讲，建筑本身的定义并不重要，甚至可以说过早地寻求封闭定义可能会丧失探索的热情和创作的可能性。然而，经过长时间的历史积淀，建筑学的核心内容还是有迹可循的。随着自身的发展，以及其他学科的渗透，建筑学的外延不断进化和充满活力。

很多建筑设计专业的学生和从业人员都有过类似的尴尬经历：一个并不熟识的人客气地问我们是干什么的，我们随即回答“做建筑设计的”。“哦，原来是建筑师啊！那你具体是负责建筑的哪方面呢？土木结构设计、室内设计还是外观设计的。”我们开始犹豫了，这三个选项似乎和建筑设计都有关系，但是都不太准确。我们可能出于礼貌简单地选择答案之一，而后谈话被引导至一个不可收拾的境地。“你主要是负责建筑外立面装饰啰？我最喜欢巴洛克风格的装饰，你呢？”“我在巴塞罗那见过一个建筑像一条鱼，简直是太奇妙了。”

生活中充满了这样的例子，由此可见，虽然建筑设计是一种公众认知度很高的专业，但这个专业究竟是干什么的，大多数人并不太清楚，甚至很多初学建筑设计的学生也感到迷茫。不仅是公众，就算对于专业人员，建筑设计的内涵和外延也是很难说清楚的。这种不确定性和模糊性丝毫没有影响建筑设计的专业性，建筑学包容、吸纳和整合各种相关知识，同时又具备其他专业知识不具备的专业视野和工作方法，这正是这个学科的生命力所在。

欧洲中世纪的工匠们除了亲手建造建筑以外，还在羊皮纸上绘制图纸，来解决一些施工中可能会出现的问题，现在的建筑师坐在电脑前面，利用电脑生成的图像和模型寻求最佳的解决方案。因此可以说，现在的建筑设计已经从以前的体力劳动转化成一种专业的脑力劳动。欧洲中世纪的城市中，只有非常重要的建筑，例如教堂、宫殿和剧场，才是“设计”出来的。负责工程的神职人员会和石匠师傅一起在施工之前对建筑平面布局和立面形态进行一些推敲，书记员则负责建筑的财务预算和进度监管。大量的“普通”房屋都是工匠在成熟原型的基础上直接建造，不需要专门设计。无论城乡，这种没有“设计”的建筑其实占了大多数。当我们身处传统的村落时，我们发现，村庄里布满了类似的建筑，无论是建筑材料和建造技艺都体现了一种延续性。除了村镇中心象征着现代生活的电话亭和公厕以外，整个村落如同生命体，继承着传统的基因（图 1、2）。传统工匠的大部分工作是根据项目的基地和使用者的要求将成熟的建筑原型（例如住宅或商铺）稍加变通，然后利用本地域常用的建筑材料和继承下来的成熟工艺把它们建造出来。

相比起来，现在的建筑设计工作方式完全不同，建筑师参与设计的项目可能是大型交通枢纽，或是一个巨大的功能复杂的城市综合体。这种类型的建筑可能比以前的整个城镇都复杂，涉及人流、物流、结构体系、消防规范、通讯系统、电力系统、节能等等问题，现代建筑师设计的项目复杂程度和相应的工作方法已经远远超出了中世纪工匠的想象。有些特殊情况下，会涉及一些很特殊的建筑类型，没有可参考的原型，建筑师必须想出新的解决方案。不但是操作的对象发生了变化，由于参与设计过程的专业变得繁多，建筑师的角色也慢慢地由一个领导者转变为一个协调者，或者仅仅是一个庞大系统的一个微小的组成部分。整个项目参与的各种专业人员也增多，项目运行的环节也变得庞杂：可行性研究、方案构思、方案审批、初步设计、各专业协调、施工图设计、报建、施工方招投标等，建筑师的工作范畴和知识框架已经与传统工匠完全不同了。虽然建筑设计这个学科的名字延续至今，但事实上，此建筑设计已非彼建筑设计了。这个学科和它诞生之初相比已经完全不同了。

芬兰艺术家艾克莎里圣·卡伦－卡勒拉（Akseli Gallen Kallela）有一幅油画名为《建造》（Rakennus）（图 3）。这幅画的远景是一片日渐稀疏的树林，一块块的石头从渐黄的草地中浮现出来。在树林的边缘，一个家庭正在建造自己的房屋。这是一片被人类开发而逐渐衰退的自然景观，后退的树林边界为人们让出了可建造房屋的场地。在画面左侧，从树林里砍伐而来的木材堆砌一旁，画面中的男子正在挥舞着斧子劳作。在他的努力下，圆木变成方木，自然树木变成了建筑材料，方木依次叠放，相

图 1 英国约克郡传统村庄风貌

图 2 中国云南丽江古城

图 3 艾克莎里圣・卡伦－卡勒拉,《建造》(Rakennus),1903 年,现收藏于 Art Museum of the Ateneum,赫尔辛基。

互咬合，形成房屋的墙，房间格局已经逐步形成。房屋的结构体系清晰明了，木材既是支撑结构也是围护材料，建构逻辑一目了然。几件木工工具散落一旁，正是这些工具将自然赋予的木材逐渐转化成代表人类文明的房屋。待房子建好以后，这里将会是温暖的家，把外界的冷峻隔离在外。在男子身旁，一个女子正在怀抱婴儿哺乳，这是一个具有显著象征意义的母性行为，建造的目的就是为了能够让自己家庭生活稳定并且延续下去。画家表现的可能是当时芬兰乡村生活的一个随处可见的片段，但这个场景却是史诗般的叙事，暗示着自然逐渐过渡为人居环境的瞬间，揭示了建筑存在的意义。

建筑从根本上来说是为人提供庇护的，所以建筑首先是功能性的，这里的建筑功能指的是实际使用对建筑的要求。一堵墙可以把冬天凛冽的风挡住，一片屋顶可以遮阳挡雨，建筑材料的选择需要耐久并且坚固。在设计实践当中，需要考虑的功能需求还是非常多的。例如，当设计一个学校内的体育活动馆的时候，建筑师需要考虑建筑的规模和大小，需要容纳多少学生，运动场地需要多大，相应的配套设施要多大（例如室内外活动场地、卫生间、淋浴室、储藏室、休息室和管理人员办公室等）。他还要考虑建筑对周边环境的影响，是否遮挡了其他建筑的日照，是否有足够的停车空间，建筑出入口是否会给城市道路带来压力。他还需要考虑建筑的具体材料和建造手法，如果采用钢结构和新型的绝缘板做外墙，取代传统的砌块系统的话，施工速度更快，建造成本更低，同时建筑的保温和隔音性能也会有所改善。如果将空调管道和其他管线进行精心布置的话，可以使内墙平整，避免不必要的凸起，使用起来更安全，也便于利用墙面进行学生活动展示。室内的采光和通风也要考虑，高窗的采用可以避免运动空间产生眩光。在屋顶上如果采用自然通风孔，可以减低空调运行费用。整个过程中，建筑师就是要围绕体育活动这一中心，精心安排建筑布局、材料、结构、通风和采光等各种建筑要素，以寻求最优化的解决方案。

那么建筑是否就是优化了的并且能够满足我们基本需求的庇护？建筑史学家尼古拉斯·佩夫斯纳（Nikolaus Pevsner）曾经指出："自行车棚是一个建筑，林肯大教堂也是一个建筑。几乎任何事物，只要围绕空间而建，其空间大小必须足够让一个人进入，那就是一座建筑；建筑这个词，只适用于从审美角度出发设计的建筑物。"[3] 另外一位现代主义建筑领军人物勒·柯布西耶（Le Corbusier）也曾有过类似的叙述："当我们费尽心思地考虑房屋的坚固和舒适，我们发现我们关注的不仅仅是实用，而是上升到一个更高的层次，试图去揭示一种鼓舞我们并给我们愉悦的诗意的力量，建筑就不可避免地产生了。"[4] 这两段论述的共同点在于他们都认为建筑和房子（building）的区别在于审美体验。

在很长的一段历史时期里，建筑被认为是艺术的一个分支，学科的特点也是建立在和其他视觉艺术进行类比的基础上，例如美术和雕塑。这一历史认识可以追溯到文艺复兴期间的乔治·瓦萨利（Giorgio Vasari）。在瓦萨利的著作《杰出画家、雕塑家和建筑师传》中，从乔托（Giotto）到米开朗琪罗（Michelangelo），瓦萨利试图用一种历史的叙述方式去描述艺术的演化历程，并且首次将建筑纳入这个体系。[5] 1563 年，瓦萨利创立了第一个设计学院：佛罗伦萨设计艺术学院（the Florentine Accademiadel Disegno）。在这个学院里，画家、雕塑家和建筑师一起接受训练。建筑师成为精通视觉艺术、脱离了建造行业的艺术家。黑格尔（Georg Wilhelm Friedrich Hegel）甚至将建筑学视为艺术之首："从存在和出现的次第来说，建筑是一门最早的艺术。"[6]

对建筑本质的追问并没有因为美学概念的介入而变得明晰，相反带来了更多的问题。20 世纪是建筑业飞速发展的一个世纪，建筑类型和技术以及建造的组织方式发生了革命性的变化，同时对于建筑本质的认识也潜移默化地演进。很多建筑形态在尚未成熟沉淀成风格之前就淡出了人们的视野；很多思考和理论也在被广泛接受和批判之前就烟消云散；很多概念和关键词也在不断的误用和曲解之后变得空洞无物。在这个大背景下，基于建筑唯艺术论的"美与丑"评价标准似乎并非有效。如果审视这种建筑唯艺术论，不难发现这种认识很容易引起误解和实践上的偏差。如果建筑是艺术的一个分支，那么建筑实践也就被视为建筑师或艺术家根据自己意志而进行的"艺术创造"，而事实上建筑更多情况下是集体意志的体现，是一种社会化的实践。同时，建筑唯艺术论常常会鼓励建筑师的"文化精英"意识，随之将建筑实践架空，逐渐远离建筑生长出来的土地，也就是卡伦－卡勒拉的油画《建造》里所描绘的建筑朴素的本质。

传统的"技术 vs 艺术"这一两极化讨论已经淡出了历史视野，建筑学科的归属问题已不重要。在现行教育体系当中，既有以理工科为基础的建筑教学体系，也有在艺术教育大框架下的建筑教学体系。无论哪种体系，建筑学都有自身的规律和特点。诺伯格－舒尔茨（Christian Norberg-Schultz）在其著作《西方建筑的意义》中提到："建筑是一种活生生的现实，自远古以来，它已使人类的存在变得富于意义，并使人类在时空之中寻找到了一个立足之点。所以建筑更关注存在的意义。""存在的意义通过建筑转译成为空间形式，这样建筑的空间形式是存在空间。"[7]

在建筑学习之初，并没有必要纠结于建筑的准确定义，或者建筑的"边界和核心"，而是要培养出一个全面的建筑观。建筑以具体的建筑形式和结构，丰富了人们的生活和体验，以更为明确有力和更有积极意义的方式将人们和世界联系在一起。[8] 在学习建筑的过程当中，我们会被大量的思潮和理论淹没或无所适从，这时候我们需要经常返回到自己的生活体验，回归建筑本身。

第二节 建筑设计：一种知识体系

在漫长的发展进程当中，建筑设计学科发展了一个庞杂和丰富的知识体系，其涵盖面之宽泛在古罗马时代维特鲁威（Marcus Vitruvius Pollio）对建筑的论述中就有所体现。维特鲁威认为，建筑学是三个范畴的平衡和综合：坚固、实用和美观。[9] 对于维特鲁威来说，建筑设计知识体系是一个三角形，这个三角形以这三个概念为顶点，而现代的建筑学肯定会是个多边形（图 4）。

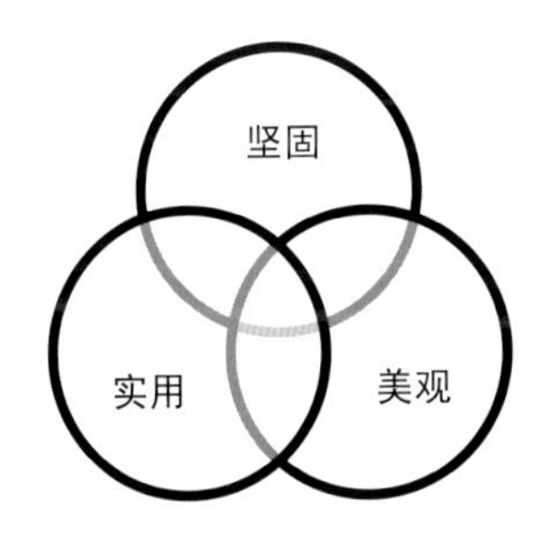

图 4 维特鲁威的建筑学三范畴

在设计实践当中，建筑师做的很多决策都基于知识的综合利用。例如，在考虑建筑窗户的尺寸时，建筑师需要考虑窗体大小对建筑外观的影响，也要考虑对室内视野的影响，空间会变得封闭还是更加通透？同时，窗体面积加大带来更多的自然采光，同时也会造成空调系统的负荷增加。另外，如果处理不当也可能造成私密性的问题。这个简单的举动涉及了设计美学、建筑物理学和心理学等问题。建筑知识的相互关联性似乎一直伴随着建筑学习。建筑设计的知识体系如同一棵大树，这棵大树的根部是日常生活体验，树冠上的枝叶是学习设计需要掌握的各个子学科，而树干则是将这些具体知识在设计中的整合和运用。针对这两部分知识类型的不同，大多数建筑院校的课程是按两条线索组织的。一条线索是理论性课程，以传统授课的方式进行，主要涵盖环境与技术、历史与文化、表达和沟通、设计实务等。

环境与技术方面：需要了解人居环境相关的视觉、热能、声学和光学基本原理；了解外部气候、生活方式、能源消耗和建筑之间的联系；能够在设计中运用这些知识进行决策和评判；掌握建筑技术、环境设计和建造方法的关系，并能够运用在复杂建筑体系设计中；掌握建筑结构原理、建筑构造知识和建筑材料的物理属性和特点，以及建筑设备的基本原理。

历史文化方面：了解建筑和城市的关系，个体建筑对于社会或整体人居环境的影响；掌握建筑和城市设计相关的历史与理论，其中包括艺术、文化、城市研究、景观研究等内容，能够运用这些知识进行建筑的研究和评论；了解建筑设计相关的空间美学、技术发展和社会影响，能够独立客观地评价自己与别人的设计作品。

表达与沟通方面：了解各种视觉表达和沟通技巧的特点及制作原理；能够在设计不同阶段熟练地运用这些方法来表达设计思想，分析并且对设计成果进行评判；掌握建筑的基本概念，能够进行有专业知识背景和分析逻辑清晰的专业化写作，既要面对专业人士也需考虑普通大众。

设计实务方面：了解建筑设计的基本操作流程和方法，建筑项目的组织方式、监管和流程；了解与建筑设计相关的法律和规范基本知识；建筑设计的社会责任和社会影响，并且能够根据自身的情况进行自身职业规划。

除此之外，另外一条课程线索是以课程设计为主线、以案例为基础的模拟设计课程。这部分教学往往是以设计工作室的方式进行，教师充当引导者和评判者，学生自己掌握进度来完成一个模拟的设计。这类设计往往不像现实中的复杂，但是通过这种模拟设计，学生可以在演习中学会运用和整合知识的手段，不但要解决问题，还要学会发现问题。在课程设计中，学生需要理解、分析和完善设计任务书，提出合理的工作方法和建议；并且要了解相关建筑法规的基本知识和建造技术；了解与建筑设计相关的历史、理论和文化知识的运用；能够系统地评判设计方案的合理性；能够有意识地运用设计方法论以及能够积极地进行团队合作。

这两条线索涵盖了建筑设计所要学习的内容，并且也提供了两种不同的学习方式，一种通过传统授课方式来进行学习，另外一种是通过模拟实践而学习，这是与建筑设计的学科特点和传统密不可分的。不但在设计学习当中，在以后的工作当中，这两种学习方式也会在职业生涯中起到决定性的作用。

第三节 建筑设计：一种社会化实践

笔者在大学里学建筑的时候，学校里基本上所有的本科学生都被迁到了离市区很远的新校区，而建筑系的学生被安排留在了老校区一栋历史久远的老建筑里。从一开始，建筑系的学生就似乎和其他专业的学生有所不同。在接下来几年的学习当中，建筑系学生就像生活在一个相对封闭的圈子里，生活和学习的方式、作息时间、平常看的书甚至喜欢谈论的内容都跟其他专业学生有所不同，甚至有人开玩笑说“一眼就能认出建筑系的学生”。这种“不合群”似乎是建筑行业里的遗传基因，无论是学生还是建筑师。

在建筑实践当中，即使是一个很小的建筑也是合作而成的产品。在日常工作中，建筑师经常要和其他人合作，结构工程师、暖通工程师、电气工程师和景观设计师各个工种都会根据自己的专业范围提出要求，据理力争，而建筑师的责任是整合各方面的要求，并且建设性地提出解决方式。对于建筑学生来说，科学技术、文化、历史和艺术似乎都要有所涉猎。无论在知识体系还是日常实践中，建筑都不是一个独立封闭的系统。可能正因为这种对其他因素天生的依赖性，历史上的建筑学者和实践者都在努力地寻找和树立建筑学科的"自主性"，这是理论界经久不衰的议题。受外部条件（例如历史、文化和价值观）的影响，建筑学中充满了不可避免的偶然性和不可预见性，建筑学者和评论家们试图建立起一个防御机制将外部因素的影响屏蔽在外，让建筑学成为一个封闭的知识体系。[10] 在这个防御机制中，建筑师和学者可以寻求建筑学自身的规律和法则，并且在实践当中创作"纯粹"的建筑。这一倾向在 20 世纪 70 年代达到顶峰。在学习建筑设计的过程中，学生很容易被"明星建筑师"的光芒所吸引，觉得好的建筑必须特立独行。同时在学校这样一个相对封闭的环境中学习，使他们很难对建筑实践的社会意义有所了解，但事实上社会意义是建筑学科的重要外延。所以，在学习之初我们必须认识到，在建筑的信仰体系里，建筑设计是一种社会化的实践。

首先，建筑设计参与了社会秩序的塑造。中国古建筑有个很重要的概念"形制"，这个概念可以理解为建筑的等级，建筑的等级本质上就是一种社会秩序的体现。宋代的建筑经典文献《营造法式》中规定了建筑的等级，并且根据等级将建筑的用材尺寸和质量高低进行了约束。[11] 从工程实践的角度来说，这种等级的规定可以控制工料使用和节约开支。从另一个角度看，这体现出在传统社会，建筑是一种社会等级的象征，建筑实践是一种表现和物化社会等级的行为。

其次，建筑设计是社会理想的诉求，社会转型也会改变建筑的命运。20 世纪的现代主义运动中，建筑师往往也是社会活动家，他们坚信建筑可以治愈社会的疾病，促进社会的改良，他们赋予了建筑一种改变社会和人类生活的力量。20 世纪 50 年代，为了改善居民生活条件，英国政府推行了一系列保障性住宅项目，谢菲尔德的公园山（Park Hill）项目是其中较为令人瞩目的一个例子。整个建筑群蜿蜒连续的建筑体量围绕着一个个内院占据了这个城市的制高点，成为了当时这座城市里最大的建筑体量（图 5、6）。在 80 年代，当这座建筑被列为历史保护建筑时，它成了英国历史上规模最大的保护建筑。在面对这样一个巨无霸式的居住项目时，建筑师的设计理念是创造一个天上的街市。建筑师试图创造一个全新的社区形式——高密度和大片绿地。为了重现传统街巷那种亲密的邻里交互关系，建筑师在建筑中引进了宽阔的外廊，居民们在这个走廊里交谈，孩子们在走廊里玩耍，甚至早上牛奶车会开到每家门口送牛奶（图 7、8）。充足的光线、便捷的生活、完善的现代厨卫设施和高大的建筑形象完全改变了传统英国住宅的形象。公园山一度成为最受欢迎的住区，居民们为能够住进这样现代化的住区而骄傲。在 20 世纪末，随着道路系统的发展，城市迅速扩展，充满了乡村自然景观的郊区独立式住宅逐渐替代了城市集中住宅成为主流。中产阶级陆续搬迁至郊外的独立式住宅，公园山社区逐渐冷清下来。建筑也因日久失修而破烂不堪，而这个街区也成为社会问题和犯罪现象频发的问题地段。由于建筑规模大，它的衰落直接影响了周边辐射的街区，以至于在很长一段时间，这座巨无霸建筑成了城市里最大的问题，对城市面貌影响很大。直至最近几年，市政厅和开发商开始对公园山重新整治，以此带动整个区域的复兴。这个例子告诉我们，建筑设计不仅仅是建筑本身那点事。从单纯的设计角度来看，公园山是个很好的设计，集中城市住宅的典范，建筑本身的比例、空间塑造以及其轮廓线对于城市景观的丰富都是可圈可点的，但是城市土地利用的演变和生活方式转化这些社会化的因素，改变了这座建筑的命运。这座建筑群由于它巨大的体量使它很难迅速地转变用途，也给政府和开发商带来很大的压力。

图 5 谢菲尔德的公园山住区项目

图 6 谢菲尔德的公园山住区项目

建筑设计作为一种社会化实践的认知对设计教学有什么意义呢？在建筑学习中，首先要注重对日常生活的体验，将空间和人的行为联系起来，而不仅仅专注于形态上的操作。另外在学习语言和视觉表达环节的时候，避免过度地使用专业术语，要意识到建筑是为公众而存在的，好建筑的诞生依赖于好沟通。在很多课程设计成果汇报或答辩当中，学生可能会大量地使用“我想创造一个……”、“我喜欢这样的空间……”这类过于以自我为中心的表达方式，不利于日常工作中和其他人的沟通。同时，自省式的批判态度也是建筑设计行业的重要素质。日本建筑师隈研吾在他的著作《负建筑》中提到，建筑往往被人们视作“恶”的代名词，不当的开发带来的对于自然环境的破坏深深地影响了人们的生活；过于追求商业利益和视觉效果使建筑成为人类无边欲望的体现；建筑对人类生活影响长久而不可逆。[12] 这些反思和批判则是建筑设计学科前行的必要动力。此外，关注建筑设计的社会实践层面也可以给未来的建筑设计提供新的思路。自 2008 年起，中国建筑传媒奖提出一句响亮的口号“走向公民建筑”，媒奖的官方网站首页给了一个定义：“‘公民建筑’是指那些关心民生，如居住、社区、环境、公共空间等问题，在设计中体现公共利益、倾注人文关怀，并积极为现时代状况探索高质量文化表现的建筑作品。”[13] 在各种形态的建筑于城市空间中争奇斗艳的时代，回归社区很可能是新一代建筑师的突破口。曾获中国建筑传媒奖最佳建筑奖的罗东文化工场可以说是建筑师对于建筑的社会性反思的一个实例。这座建筑不像很多文化建筑一样考虑体型庞大、造价昂贵却拒人千里，它是一个尺度巨大、完全开放的棚子，可以

图 7 谢菲尔德的公园山住区项目中宽阔的外廊

图 8 谢菲尔德的公园山住区项目模数化立面

举行各种文化艺术活动，并且容纳周边居民的日常休闲活动（图 9）。通过这座建筑，周边整个区域被整合成了一个广大的开放空间，城市的其他空间被联通而非阻隔了。这种强调建筑的社会角色的设计方法，需要建筑师对当地社区进行研究，并且将想法及时和公众沟通，以形成有效的决策，而不仅仅是建筑师“孤芳自赏”的创作。

图 9 台湾罗东文化工场

[1]Loos A, Architecture, The Architecture of Adolf Loos, British Arts Council exhibition catalog, 1985, p. 108.

[2]Ballantyne A, The Pillar and the Fire, In: Ballantyne A, editor. What is Architecture? London and New York: Routledge;2002. p. 7.

[3]豪·鲍克斯著，姜卫平、唐伟译，《像建筑师那样思考》，济南：山东画报出版社，2009，第38页。

[4]Corbusier L. Toward an Architecture. Los Angeles: Getty Research Institute; 2007.

[5]乔治·瓦萨利著，刘明毅译，《著名画家、雕塑家、建筑家传》，北京：中国人民大学出版社，2004。

[6]黑格尔著，朱光潜译，《美学》，北京：商务印书馆，1981，第27页。

[7]克里斯蒂安·诺伯格-舒尔茨著，李路珂、欧阳恬之译，《西方建筑的意义》，北京：中国建筑工业出版社，2005，第57页。

[8]克里斯蒂安·诺伯格-舒尔茨著，施植明译，《场所精神——迈向建筑现象学》，台湾：田园城市文化事业有限公司，1995。

[9]维特鲁威著，高履泰译，《建筑十书》，北京：知识产权出版社，2001。

[10]Hays KM. Oppositions Reader: Selected Essays 1973-1984 New York: Princeton Architectural Press; 1998.

[11]潘谷西、何建中著，《营造法式解读》，南京：东南大学出版社，2005。

[12]隈研吾著，计丽屏译，《负建筑》，济南：山东人民出版社，2008。

[13]朱涛著，“走向公民建筑”再思考，《Domus 国际中文版》，第51期。

↗ 第二章

↗ 如何学习建筑设计

第一节 建筑设计专业的特点

经常会有一些需要选择专业方向的年轻人满脸困惑地问："建筑设计是个什么样的专业？""我喜欢建筑，但不知道是否应该选择建筑设计。""建筑设计未来的前景怎么样？"大多数的学生在学习之初并不知道接下来的几年会经历什么，也有很多人因为最初对这个学科了解不够而学得非常累。只有从方方面面了解这个学科的特点，才可能做出明智的决断，或者在接下来的学习过程中不断地调整心态和学习方法，保持学习的热情。

一、为什么选择建筑设计

1. 建筑设计是充满挑战的工作

建筑设计的服务对象是生活中非常具体的人。有些人是我们设计过程中经常面对和沟通的，例如建筑的业主、投资者或开发者。每个人的生活背景和知识框架都是不同的，他们都会以自己的方式介入和影响设计过程。另外有些服务对象是我们无法直接面对面沟通的，例如建筑的最终使用者，或者是项目建成以后会影响到的其他城市居民。这种情况下，就需要设计师利用自己的想象和生活体验来为他们统筹考虑。每个建筑和城市都有自己的故事，人的生活方式和认识不断变化，建筑材料和技术也是快速发展，建筑设计永远都不是一个静止的状态，也不是专业技能的简单重复，总是充满了新的挑战。

2. 建筑设计是创新性的工作

好的设计源于创新性思维。成功的建筑总有一些打动人心的地方。在 SANAA（由日本建筑师妹岛和世和西泽立卫创立于 1995 年的建筑设计事务所）的瑞士劳力士学习中心设计当中，简单的建筑体型上下起伏和远处的山景形成对话关系，建筑的内院和透明的表皮形成了室内外空间的流动。通过建筑和基地的互动关系，这个设计提供了和传统教学空间完全不同的新可能性。这个设计并非采用传统教学建筑的模式，即为每个学科划定规定所属区域，并用流线串通起来，而是创造了一系列的模糊公共空间，从而激发不同学科的研究者和科学家相互交流，一起互相启发和共享（图 1—3）。这个设计的创新之处在于处理建筑和基地关系的手法及对于学习空间模式的反思，是大尺度的。另外有些创新体现在小尺度的材料运用或细节设计上。例如阿尔瓦·阿尔托（Alvar Aalto，芬兰建筑师和家具设计师，现代建筑学的先驱）设计的假日别墅项目中，我们可以体会到细节的奇妙表现力（图 4）。阿尔瓦·阿尔托大量地使用当地的传统材料，木材、钢材、石材和砖，建筑肌理相当丰富，细节也耐人寻味。在他的作品当中，阿尔瓦·阿尔托正是以一种创新的方式寻求这些随手可见的材料新的呈现方式。在很多商业建筑和住宅项目中，建筑师的设计可能基于一些原型，这些原型经过了长期的检验和修正，在很多细节处理上非常成熟。即便有成熟的原型，建筑师也必须针对特定的使用者和基地进行调整，甚至可能在原型的基础上研发新的产品，所以每个好的设计都有创新的成分。

图 1 SANAA 设计的瑞士劳力士学习中心

图 2 SANAA 设计的瑞士劳力士学习中心

图 3 SANAA 设计的瑞士劳力士学习中心

图 4 阿尔瓦·阿尔托设计的避暑别墅细节

3. 建筑设计提供了一定的创作自由度和个人表达的空间

如上所述，建筑设计是创新性的工作，所以它赋予了设计师创作空间。这种创作空间和艺术家的创作不同，并非天马行空，而是充满了限制，但限制很多情况下是建筑设计的有利因素。设计行为就是以创造性的方式对现实生活的限制，并且提出解决方式。根据业主的同一份任务书，十个建筑师可以给出十个迥然不同的解决方案，甚至同一个建筑师在不同的时期也会给出不同的方案。当杰里米·提尔（Jeremy Till）在讨论自己事务所和住宅的设计过程的时候，被问道："如果现在让你重新设计这个房子，你会做什么改变么？"他回答，一切都会不同，每个阶段读的书、思考的事情都是不同，表达在一个设计上也会不同。建筑师自身的体验和修养使建筑师发现和思考问题的方式都各不相同。有很多著名建筑师也因为自己对建筑的独特理解和富于个性的形式语言而令人瞩目，而这点也吸引了很多青年学生投入到建筑设计当中。

4. 看着自己的设计从图纸到基地上开始建造、生长和落成，并且被人使用和居住，对于建筑师来说是件非常愉悦和令人骄傲的事情。

我们有时会和建筑师一起参观他所设计的建筑，总是能看到建筑师兴奋地讲述设计的意图和过程，就如同父母在讲述自己孩子的成长过程一样。头脑中的想法在现实世界中扎根落脚，这是对于建筑师最丰厚的奖励和回报。绝大多数的建筑师都信奉：精心的设计会改变生活方式和提升生活品质。这种信念给了建筑师不断挑战自身完善设计的动力。

5. 建筑师是受社会公众认可和尊重的职业

即使社会上相当比例的公众并不了解建筑师具体工作，但历史上的前辈们已经成功地将建筑师树立成一种权威正直的，并富有社会责任感的形象，如同医生、律师和教师。建筑师利用自身的专业知识无私客观地为业主提供专业建议，在更广泛的范畴里，建筑师也需要为整个社会的福祉而努力。在很多文学作品中，建筑师扮演公共知识分子的角色。俄裔美国作家安·兰德（Ayn Rand，俄裔美国哲学家、小说家）的代表作《源泉》（Fountainhead）中的主人公建筑师霍德华·洛克可以说是这种社会认知的一个代表人物。[1] 在上大学的时候，洛克拒绝学习当时受很多建筑师追捧的古典式样，他认为那是虚伪的，而致力于富有时代精神的设计语言，因此而备受挫折。洛克的大学同学彼得·吉丁则是一位才智平庸的建筑师，因为善于阿谀奉承而左右逢源。和吉丁相比，洛克似乎代表着一种超越社会世俗的才华、勇气和对信念的坚持。当发现自己的设计方案被改得面目全非的时候，洛克潜入工地并且引爆了这座自己设计的大楼。当他站在法庭为自己辩护时，洛克宣称：创造是天赋权利，维护创造也是同等天赋个人的权利，人类需要捍卫自己和自己创造的"真实性"，这是人性自我价值的重要体现。

6. 建筑师拥有更多的执业自主性

很多建筑师开始在一个大的事务所里积累工作经验，时机成熟后成立自己的事务所，这样可以以自己理想的方式从事设计工作，一个建筑师或者几个建筑师合伙就可以开业。与一些对资金或其他社会资源依赖较强的行业相比，建筑师拥有更多的执业自主性。同时，建筑师也是一个比较"长寿"的职业，我们见到过很多已七八十岁仍然全身心工作的建筑师，并且有充满创造力的作品问世。在这个行业里，经验是一种宝贵的财富，这和其他对于体力要求很高的职业不同。

6. 在建筑设计的学科范畴内，有很多相关职业可以选择

建筑设计的学生毕业以后并不一定要做建筑师，可以从事相关教学、科研工作，或在政府部门从事相关技术管理工作，也可以在开发部门进行设计管理和协调工作，或在建设部门进行质量监督工作。很多社区服务和商业机构都需要具备建筑学知识的专业人员来负责相关的开发及整治。在很多国家，受过建筑设计训练的毕业生以后成为建筑师的只是一小部分，而更多的毕业生则投入到其他相关部门发挥他们的作用。从长远角度来看，传统的建筑设计行业急需自身进化来适应社会需求，从设计行业也会分化出更多分支行业。

二、建筑设计的局限

1. 建筑设计毕业生的就业率和薪资水平可能下滑

建筑设计学生从入学接受系统训练，到事务所实习，而后逐渐能够独立完成设计。这是个相对漫长的过程，大概要 7—8 年甚至更长，这决定了建筑设计是一个相对“晚熟”的职业。学习时间的漫长并不代表工作以后能够带来更高的收益和回报。2012 年，乔治城大学教育和劳动力研究中心(Georgetown University Center on Education and the Workforce) 对大学专业、失业率和薪资水平的一个研究报告指出：受全球经济衰退影响，美国建筑学专业毕业生的就业情况并不理想，建筑学列“不受欢迎的学科”之首。就 2012 年来看，建筑学毕业生失业率高达 13.9%，远高于各学科平均的 9%，位列第一，已就业建筑学毕业生的薪资水平在各专业当中处于中下水平。中国目前仍然是世界上建筑业发展最快的国家之一，建筑院校和专业毕业生的数量远远超过了 20 年前，一度出现了毕业生过剩的局面。面对新的市场供需关系变化，建筑设计学生需要不断地调整自己的心态及专业发展方向。

2. 竞争激烈导致工作压力大、工作时间长

建筑设计方案的好坏很多时候是和设计者投入的时间与精力紧密相关的。在教学过程中，学生在一个设计当中投入了多少时间和精力，往往从最终设计成果上很容易就能分辨出。设计行业有着鼓励追求设计质量和尽善尽美的传统。为了赢得项目，建筑设计师会利用项目期限内的分分秒秒完善设计和图纸。这种追求完美的态度往往就意味着投入更多的工作时间。很多情况下，建筑师投入的时间会远远超出项目开始时的估计和预算，加班也就成了常态。在事务所面试中，大多数应聘者都会问工作强度有多大或者加班时间有多长等问题。事实上，在绝大多数的事务所，工作时间超出朝九晚五已经是比较普遍的现象。如果你非常注重私人时间，那么应当慎重考虑选择建筑设计。

3. 妥协可能成为工作的重要部分

不同的人对于设计的评判标准是不同的。原则上，建筑师需要从业主的利益出发寻求最适合的解决方案，每一阶段的方案深入都需要得到业主的认可。有些情况下，建筑师总结了各个可行性的优劣，并且毫无悬念地找出了最优方案，通过流利的讲解和透彻的分析，试图劝说业主接受，但业主可能会被其

他方案的某个细节所吸引而做出截然不同的决策。例如房地产开发商很可能对方案经济性和销售利润看得更重，因此否决那些空间品质更高的设计方案。在这种情况下，建筑师要学会争取和说服，同时也要做好准备妥协和调整方案。在少数的例子当中，建筑师甚至会被要求按和自己判断背道而驰的方向改动方案，这种情况下建筑师很可能面临一个困难的选择，放弃或者妥协。

4. 没有建筑作品是完美的

在现实世界当中，没有一个建筑作品是完美的。虽然在方案构思之初，建筑师可能对项目的未来充满憧憬，并且在设计过程中倾入了大量的时间和精力。然而，一个建筑是诸多因素的综合成果，业主意见的介入、政府部门对项目的管控，以至于后期施工建造当中出现的各种不可预见因素，会导致最终完成的建筑不会和建筑师想象的完全一样，有时甚至相去甚远。每个项目都会有遗憾，而建筑师要学会背负着这种遗憾继续前行。

5. 灵感闪现的背后是大量繁琐的工作

我们在各种专业杂志或网络上看到的那些动人建筑的时候，想到的往往是建筑师深邃的思考和草图笔潇洒的勾勒，但事实上一个花五分钟闪现出来的概念可能需要五个月的不断检验和修改，并且花几年时间来建造。概念萌生后，剩下的大量工作是极其繁琐的，这需要极大的耐心。刚毕业的年轻建筑师常常被安排做这些细致的工作，以获得一些设计和建造的基本常识，并不是每个人都能够坚持下来。相当多的年轻建筑师都认为日常工作过于繁琐，与想象中建筑师充满激情和创意的工作状态相去甚远，因此而感到挫折，甚至灰心。这种状态下，年轻建筑师需要回想最初体验建筑的感动，并且坚持。

第二节 设计思维

一、描绘概念

设计（design）的原始含义可以从这个词的根源谈起。这个词来源于意大利语“designo”，也就是画图（drawing）的意思。设计的过程就是将头脑里的想法画出来，是连接概念和具体产品之间的桥梁。16 世纪的画家和建筑师瓦萨利写道：“设计可以被总结成思维概念和头脑中想象的视觉表达和阐释。”[2] 设计和描绘的联系在 15 世纪就已经建立了，当时很多艺术家是“通才”，绘画、雕塑、工艺品和建筑都有涉及，他们之所以从事设计工作，主要是因为他们经过严格的绘图训练。在设计建筑或工艺品的时候，他们经常会画一些草图，然后指导工匠依图加工。这种图一般是以线条为主，不施颜色，为了清晰地表达事物的结构和尺寸，而避免像彩绘一样过于注重视觉效果。这种描绘不是简单和被动的复制和模仿，而是一种抽象知识的获得和理解。建筑师用图纸来表达自己的设计意图，用图纸来和业主交流，推敲建筑的流线组织、体量和空间关系，想象建筑建成之后的效果；之后，用图纸来指导建设，图纸需要包含建筑的材料、构建的尺寸和构筑方法等信息。不仅如此，在熟练掌握了绘图技巧以后，建筑师还习惯于通过绘图来发现和思考问题。通过描绘基地现状、人的运动来寻求对于项目更深的理解，孕育创作。建筑师和画家的描绘行为是不同的，画家所描绘的是一种现实的再现，也就是说画的对象是先于绘画而存在的，例如风景和模特；而建筑师所画的是还不存在、未建成的建筑。数学家借助数字和符号来表达头脑中的逻辑，音乐家借助音符表达情感，而建筑师用一种类似书写的绘图来描绘他头脑中的建筑形态。这个概念首先是抽象的，存在于头脑之中，而绘图将这个概念固定在图纸上，并指导建造过程。图纸和最终建成的建筑是概念的两种不同存在方式，这两者有时以先后顺序出现，有时是相互平行的。

二、发现和解决问题

在前面我们提到，建筑最基本的涵义是提供庇护，功用性是与生俱来的。那么在这个层面上，设计可以理解成寻求最优化的解决方案，设计就是发现和解决问题，建筑设计则是通过建筑和空间塑造去发现和解决问题。

英国建筑教育学家布莱恩·劳森（Bryan Lawson）曾经讲过一个故事：科学家、工程师和建筑师三个人在一座塔楼外面争论塔楼有多高，刚好被一名经过此地的当地小店主听到了，这位店主是卖气压计的。于是，为了给气压计做广告，店主建议搞一场竞赛。他给了三个人每人一个气压计，谁能最精确地测出塔楼的高度，谁就可以获得一笔奖金。科学家测量了塔楼底部的气压，再测试了塔楼顶部的气压，通过两者之差计算出塔楼的高度；工程师直接爬到塔楼顶部，把气压计扔下去，测量了它坠落的时间，计算出塔楼的高度；建筑师测得最为准确，但他的方法令人吃惊，他直接走进去把气压计当作礼物送给塔楼管理人，作为交换，他查看了塔楼的原始图纸，知道了塔楼高度的精确数值。[3] 这个故事告诉我们，给定了问题以及最终结果，从问题到结果的途径是多种多样、五花八门的，对于途径的选择，取决于每个人的知识背景和思维模式。思维模式往往是训练出来的，多样化的而且没有对错之分，其中包括客观分析和主观判断，那么设计的思维模式是怎样的呢？设计过程中经常会涉及的思维方式有以下几类：

实用性的解决问题思维：这是一种最为直接的思维模式，通过对问题的分析和描述，寻求解决方式。例如我们要砌一堵墙，目标和手段明确，我们只能一块砖一块砖地砌，无需多想。传统的工匠的选择和我们并无两样，相差的只是经验。我们通过不断试验和纠正来调整，怎样对齐，怎样留缝，怎样抹灰。最终，我们经过实践，可以总结出一套手册式的操作方式，遵循一步步的步骤，可以达到最佳效果。

类型性的解决问题思维：这是一种稍微复杂的思维模式，通过将问题分解为若干个小问题，然后利用已有的原型进行拼装和组合。还是砌墙的例子，我们换个方法，利用半成品，墙基、墙身和压顶石，直接通过铁件连接组装而成，在建筑设计中，这种模式相当普遍。经过长时间的实践，我们的前辈已经总结了各种成熟的设计，从非常小尺度的门把手、厨卫设施的安装，到中尺度的住宅户型、楼梯间布局，甚至到大规模的城市组团布局。这些原型是模范的解决方式，基于同等的限制条件，解决同样的目标问题，经过了长时间使用者的检验，也容易被使用者接受。对于这种思维方式的培养，关键在于原型的积累和组合的练习。我们看到一个设计，很好地解决了某一方面的问题，就把它记下来，当积累到一定程度，做设计时就能够融会贯通。

类比性的解决问题思维：这是通过外部参照物来解决问题的一种方式。建筑师往往从大自然、绘画、雕塑或者其他建筑中汲取灵感，这种方式的训练基于生活体验，多看多思考，是一种自发的思维模式。柯布西耶曾经指责当时的建筑师沉迷于风格和装饰，对引发生活巨变的时代产物视而不见，例如飞机和巨轮（图 5）。他认为："这些机器产品有自己的经过试验而确立的标准，它们不受习惯势力和旧样式的束缚，一切都建立在合理地分析问题和解决问题的基础上，因而是经济和有效的。"[4] 通过建筑和机器的类比，他建立了一套影响后来几十年的设计理论和价值观。另一个著名的类比例子是荷兰设计师里特维尔德（Gerrit Thomas Rietveld）的施罗德住宅立面和现代派画家皮尔特·蒙德里安 (Piet Mondrian) 画作。里特维尔德设计了荷兰乌德勒支市郊的一所住宅（图 6、7），这是他第一件重要的建筑作品，其最显著的特点是各个部件在视觉上的相互独立。通过使用构件的重叠、穿插，其组合手法更像一幅抽象绘画（图 8）。

解决问题的设计能力在日常设计实践中每天都要运用到。例如我们在做一个学校体育馆设计时发现一个问题，体育馆的用地比较小，满足了学校的运动场地的需要后，用来做淋浴更衣的空间可能不够了，怎样才能让每个学生活动后避免花太长时间等候淋浴，同时又保证运动场地的大小？怎样才能使洗浴空间使用更加有效率？经过实地考察，我们发现一个问题，一般的学校体育馆都设计了大小相同的两个淋浴室：一个男，一个女。经过调查，该校男女生体育分班授课，而两个淋浴室同时使用的几率很小。设置两个等大的男女浴室，势必造成资源的浪费。通过查看他们的课表安排后，发现有几种使用的可能性，大多数情况下，使用体育馆的男女生比例为 1 ：3 或 3 ：1，偶尔也会 2 ：2。同时，这个体育馆将

图 5 柯布西耶的飞机场草图，摘自 Le Corbusier Oeuvre Complete 1938–1946

图 6 里特维尔德设计的施罗德住宅

来要成为校篮球队的主场，意味着周末很有可能有客队来访，和主队进行友谊比赛。这种情况下，主队客队的性别是相同的，但是由于相互陌生，最好还是将淋浴室分开。经过对问题的分解后，方案诞生了，淋浴室由四个相互连通的单元组成，相互之间由隔断组成，可以通过管理人员打开或关闭，这样就轻松地完成了 1 ： 3 或 2 ： 2 的组合方式，减少了不必要的面积浪费（图 9）。这是一个简单的例子，寻求问题的解决方案，有时候依靠专业知识，更多的时候依靠生活常识。

图 7 里特维尔德设计的施罗德住宅

三、可能性与潜力

设计无所不在，除了产品设计、平面设计、建筑设计和景观设计等等，我们还看到了形象设计、用户体验设计等新的设计范畴。设计变成了一个更宽泛的名词，它代表了对现状的不满足，对未来的憧憬，以及有意识的策划和实现。设计的价值在哪里？将设计做到极致是一种价值，2008 年，“一个能够装进信封的笔记本电脑” ibook air 诞生了。严格来说，它的功能和其他电脑并无两样，但是它的设计精准和极致，可以说它的设计是它超越其他产品的主要竞争力，赋予了产品附加价值。它的设计师乔纳森 · 伊夫（Jonathan Ive）在一次媒体访谈中说道：“开发、设计任何产品都极具挑战性，我们的目标就是尽可能将简约主义融入到你不知道答案，不明白有多难的复杂问题的解决过程中。”优秀的设计师常常会投入大量的时间与资源来解决一些细节问题，即使这个问题不会影响产品的使用，这种对于细节尽善尽美的追求可能来源于设计师身上传统工匠追求技能精进的基因。

图 8 蒙德里安的三原色构成

当 iPhone 出现的时候，我们可以领会到设计者的野心了。iPhone 设计的成功之处不仅仅在于简洁的外表和细节品质，触摸屏和重力感应器的应用给使用者提供了全新的体验方式，轻巧的滑动、旋转和抖动都可以使手机完成一系列的指令。操作方式的变革，手机从按键向触摸转变。后来几乎所有的智能手机的交互方式都是以触控为中心，那种实体键盘和电阻屏试的操控方式手机基本从市场上消失。与此同时，这个产品设计潜移默化地改变了世界，手机变成了移动的智能终端，如同每个人随身携带的电脑。大量的设

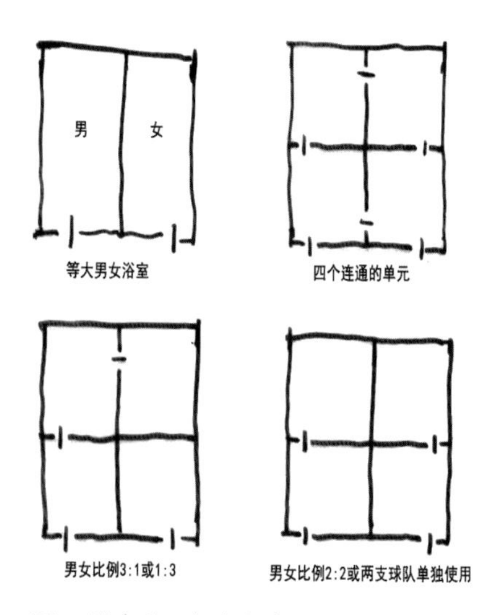

图 9 浴室分配组合方式

计师为 iPhone 设计应用软件，消费者也乐于为各种创意买单，iPhone 孵化了一个新的产业链。同时，iPhone 让人们看到很多电脑上才能做到的东西在移动设备上也能完成。移动支付、移动购物、移动社交网络，互联网流量开始向手机和平板电脑过渡，把用户从电脑前解放出来。这种设计的驱动力就不仅仅是为了解决某个具体问题了，而是基于对未来的展望。这就是我们所说的经典设计，它不仅仅聪明地解决了现存的问题，并且不可逆转地改变了世界。[5]

苹果电脑和 iPhone 的例子属于产品设计，电脑和手机是每个人都会使用的，它们的设计有更多的受众，所以设计的革新对人类生活的改变影响极为深远。那么建筑呢？在建筑历史上不乏有革新性的里程碑式建筑，但是相比起产品设计建筑的受众是有限的，所以影响力相对较弱。如果我们把目光拓展到整个专业发展上，我们依然能够找到这样的转折点。工业大革命期间，英国的城镇格局产生了巨大的变化，首先外来人口大量拥入城市，造成了房屋的短缺。另外，铁路的介入使原有城市格局无法适应新的发展，大量的仓储空间和工厂自发地涌现在铁路两侧，这样可以节省材料和产品的运输成本，所以城镇内工业建筑比例大幅提高，这极大地影响了环境质量，污染严重，水质被破坏。如何改变这一状况呢？现代的规划系统诞生了，这彻底地改变了今后几百年城市发展的轨迹。规划专业人士首先对于城市的规模和人口发展进行预测，并且根据城市的产业特征来规划城市分区的比例，再根据地形特点将工业、居住、商业、绿地等分区合理地安排在城市的各个部分，并且由合理的道路网络组织交通。同时，对于原有河流和绿地的整治，改善人居环境。到了具体地块，建筑的规模、高度、机动车开口、建筑的退让都做出了详细的规定，以后地块的开发和设计必须遵循这些规定，并且由市政部门进行审批准许才能施工建造。这在当时就属于革新性的变革。

第三节 工作室文化

第一章我们提到，建筑设计的知识体系如同一棵大树，树冠上是各个子科目的知识，往往以授课方式学习；主干是在设计实践中整合运用这些知识的能力培养，这一训练是在设计工作室完成的。只有尽快了解和适应工作室式的工作方式和工作室文化，才能保证学习的顺利进行。

工作室首先是学校为设计学生提供专属的教学空间，这个空间和普通教室不同，不是流动的，而是固定的。工作室有学生的固定座位，类似办公室，里面存放学生的学习绘图工具，并且提供了展示图纸和模型的空间。工作室空间的布置方式和普通教室也不同，传统教室有讲台和成排的座位，暗示着老师在上面讲而学生在下面听的教学模式。工作室的布局则缺乏这种秩序感，学生的座位可以根据课程需求布置成组团式，教师更多的是走下讲台和学生进行小组讨论或一对一教学。相比而言工作室布置弱化等级，更为平等而强调相互沟通。不同的工作室之间往往设立公共的作品展示区和公开评图区，这里是思想交流和碰撞的地方。在工作室内，除了一部分的授课功能外，还要满足讨论、绘图、制作模型和小规模答辩的功能。

有些学校的工作室是按照年级分割开来，有些学校则是多年级混用的一个大空间。混用模式里，低年级的学生可以观摩高年级学生的学习情况，高年级的学生也可以指导低年级的学生。哈佛大学设计研究院采用了阶梯状的大空间设计，类似抽屉，不同的年级分属不同的抽屉，低年级学生经常路过高年级学生的工作空间，提供了高低年级交流的可能性（图 10）。

工作室是设计专业特有的，采用一种以“模拟”设计项目为主的教学方式。由教师拟定一个虚拟的设计项目，安排时间进度和成果要求，由每位学生或几个学生组成的小组来进行设计。教师扮演引导者和评论者的角色，学生则把自己假想为设计师，运用自己学到的知识提出解决方案。在这一过程中，学生需要将自己设计的概念和思路表达出来，回答老师的各种提问，努力证明自己的设计是最优化和合理的解决方案。

在实践工作当中，大多数的事务所也是建立在这种工作室制度之上的。小的事务所就相当于一个工作室，有经验的成熟建筑师充当指导教师的角色，带领和指导年轻建筑师工作。当事务所过于庞大，而无法有效地相互沟通时，可以拆分成若干个小的工作室。爱尔兰建筑师约翰·托尔曼（John Tuomey）曾经提到：“相比起办公室文化，我们更信任工作室文化。大家都处在一个大空间里，使用同样的桌子和椅子。一切都是开放的，每个人都可以随意地取用办公室里的东西，我更喜欢这种环境。如果我要独处一会儿，我就自己出去散步。”[6] 普通的办公室是一条生产流水线，每个人都有自己明确的工作范畴，每项工作将被切分成非常具体和责任明晰的步骤，按照规定的程序和进程完成。工作室则是孕育创意的摇篮，这种工作环境弱化社会等级，鼓励相互交流和沟通，鼓励设计师相互启发和互助，我们称其为工作室文化。

一、设计工作室的历史

设计工作室并不是新鲜事物，它是随着漫长的专业发展逐渐渗入到学科和专业基因里的。回顾设计工作室的历史可以从一个侧面了解建筑设计教学方式的演进。

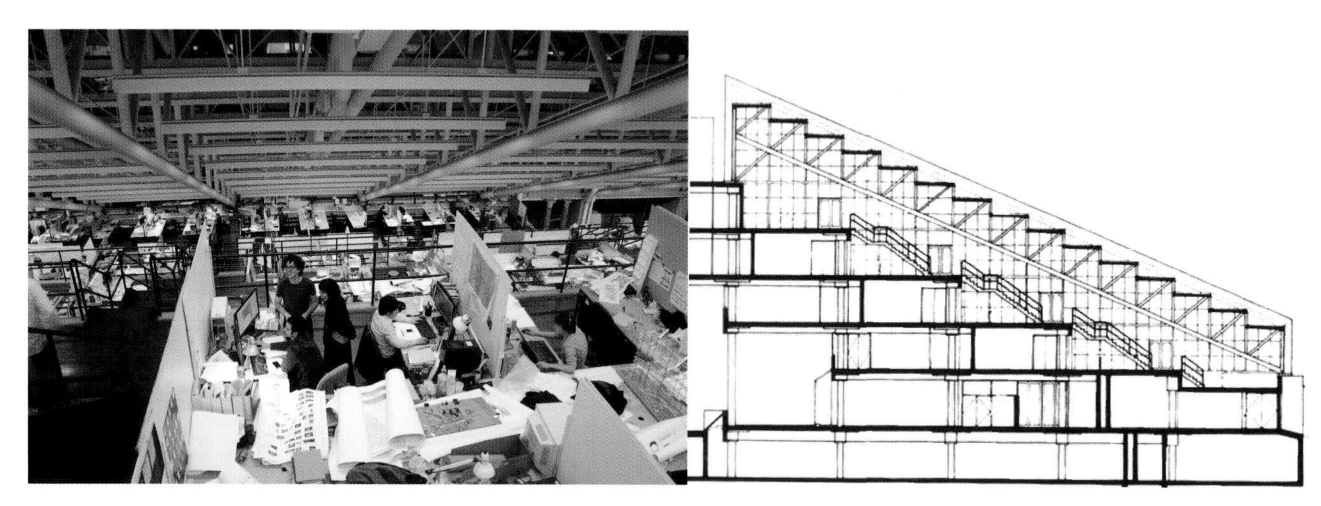

图 10 哈佛设计研究学院工作室的阶梯式布局

中世纪的欧洲，现代意义上的建筑设计、建筑师和建筑教育体系还不存在。建筑设计教育和训练是在作坊里进行的。石匠师傅属于行会（Guild）管理，必须遵守行会所设立的规定。行会是手工业者的联合组织，其目的是来规范市场、控制工艺质量和保护手工业者权利。同时，行会也制定了一系列的手工业者的培养和教育流程，我们可以称其为作坊学徒制。手工业者进入作坊开始学习，从学徒（apprentice）开始,经过工匠（craftsman）和行者（journeyman）的阶段,最终可以成为师傅（master）和大师傅（grand master）。[7] 约翰・哈尔维（John Harvey，英国建筑史学家）在关于中世纪建筑的论述中提到：在石匠和木工的学徒过程中，前三年是学习掌握各种材料特征和建造技术，最后一年则学习怎样绘图，怎样用几何的手段去解决实际工作过程中遇到的问题，例如根据基地的情况来选择拱券的构造和窗户式样。[8] 值得注意的是，学徒期间最后一年绘图学习并不是设计绘图，意图不在表达设计想法，关注点仍然是建造。这些图纸不是用来记录建筑设计方案的，而是用来推敲细部和解决实际问题的。在这种体系下，师傅拥有绝对的权威，学徒在实践中学习，学习内容偏向实际操作，理论和历史探索是缺失的。这种作坊学徒制度到后期有所转变，但仍有着深远的影响，甚至遗留在现代建筑设计教学基因中。18 世纪的英国，在建筑学院诞生之前，学生进入到建筑师工作室进行实习，旅行仍然是学习的一个重要组成部分，主要是参观罗马，对古典建筑进行案例分析。中世纪作坊学徒通过自己的劳动赚取一定的费用，用来学习和生活；而英国学徒体系中，学徒没有工资，还需缴纳一定的学费来换取成熟建筑师的指导。这种体系在某种程度上是成功的，培养了相当多成功的建筑师，例如 18 世纪的新古典主义建筑大师约翰・索恩爵士（Sir John Soane）、查尔斯・罗伯特・科克雷尔（Charles Robert Cockerell）。几乎整个早期英国建筑师谱系都是建立在这种工坊学徒制基础上的,直到 1847 年,建筑联盟学校（School of architectural association）成立，一种独立的、职业化的学院派体系建立起来。

对于当代的建筑设计教学影响最大的应当说是德国的包豪斯大师工作室制度。包豪斯是德国魏玛市的“公立包豪斯学校”的简称，后改称“设计学院”，习惯上仍沿称“包豪斯”（图 11—14）。这所设计学院孕育了现代设计工作室教学方式。整个包豪斯的教学体系分为三个阶段：第一个阶段是六个月的基础教学；然后是三年的技术指导，之后可以得到一个学徒完成的证书（Journeyman's certificate）；之后是结构指导训练，通过两种方式进行，可以到建筑工地现场实习，也可以进行理论研究，完成之后得到建筑师毕业证书（Master-builder's diploma）。从证书的名称看，这三个阶段是受到了中世纪作坊制度的影响。通过工作室教学方式，包豪斯强调集体工作方式，强调科学的、逻辑的工作方法和艺术表现的结合，培养了一批既熟悉传统工艺又了解现代工业生产方式与设计规律的专门人才，形成了一种简明的适合大机器生产方式的美学风格。

这个训练体系当中，最有特色和影响力的是基础课程训练。进入包豪斯学习的每个学生都需要完成一个基础课程的训练，这个课程由瑞士表现主义艺术家和设计师约翰・伊顿（Johannes Itten）主持（图 15）。伊顿注重本能挖掘和方法学习相结合，通过训练来系统挖掘学生的创造潜力，他希望先锋艺术的注入能激发学生创造的激情，而不仅仅是对于经典的临摹复制。伊顿本人极富领导才能和人格魅力，甚至有学生追随他的生活方式，甚至饮食习惯。在基础课程里，学生通过探求不同颜色和色彩的区别，理解最基本的几何形状的品质。工作室的另外两位教师瓦西里·康定斯基（Wassily Kandinsky）、保罗·克利（Paul Klee）也是现代主义艺术大师和极富影响力的教师。克利认为艺术创造过程是神秘和不可言说的，但是表达的基本技能是可以训练的。基础课程工作室的教学内容包括观察课：自然与材料的研究；绘画课：几何研究、结构练习、制图、模型制作；构成课：体积、色彩的研究与设计。在这个教育体系中，强调无论建筑师、雕塑家、画家，都必须考虑工艺：其中包括工具和材料的具体知识及形态的认知；平面几何、建构、绘图学和模型制作，体量、颜色及构成。

这些工作室也被后人称作“大师工作室”，因为在这种体系中，指导教师本身是天才的工匠，例如画家约翰·伊顿，出任形式指导教师，里昂耐尔·费尔格（Lyonel Feininger）出任印刷作坊形式大师，格哈特·马克斯（Gerhard Marcks）出任陶艺作坊大师。现在看来，这种模式几乎是不可复制的，现代的设计教学更加强调教学系统的建立。随着高等院校逐渐接管了传统作坊成为设计教育的主力军，师徒式的教学方式慢慢退出历史舞台。

以设计工作室为原型的事务所出现在17世纪的英国。17世纪60年代，伦敦大火延续四天，几乎燃烧了整个城市，其中包括87间教堂。克里斯托弗·列恩（Sir Christopher Wren）受委任负责伦敦重建工作，并且成立了工作室（The Office）（图16）。在列恩的领导下，工作室重新设计了51间教堂，其中最著名的是伦敦的地标建筑：圣保罗大教堂（图17、18）。工作室提倡紧凑的工作方式，共享设计理论和价值观，相互协调设计工作。工作室既是工作的场所和组织机构，也是教学相长的学习环境。列恩本人是个天文学家和建筑师，同时也是个出色的管理者和协调者，他和其他建筑师一起建立起良好的合作关系，其中包括著名建筑师霍克斯穆尔（Nicholas Hawksmoor），霍克斯穆尔本身是施工的书记员出身，而转行做建筑设计的。工作室培养了很多后来在英国建筑史上非常重要的建筑师。

图 11 包豪斯校舍

图 12 包豪斯校舍

图 13 包豪斯校舍

图 14 包豪斯校舍

二、健康的工作室文化

设计思维是一种启发式、发散式、综合性和建设性的，而非自然科学常用的分解和推论思维模式。学生通过实践来认知、理解、运用和整合学到的知识，因此理想的设计工作室应当鼓励一种开放、随意和非正式的交流方式及氛围。

首先，在工作室里，设计是一个过程，而不是仅仅关注最终产品。工作室如同一个透明的孵化器，而不是黑匣子，工作室鼓励试验和失误，同学之间自发的讨论，老师和学生一对一的指导和启发替代了"对与错"、"好与坏"的简单评价。工作室的学习方式，包括同学之间非正式的交流和正式的课程答辩，从快题式的小练习到模拟整个项目过程较长的课程设计，从独立完成的项目到团队合作。相互讨论和建设性的提问至关重要，弥补了模拟设计中其他人员的缺席，模仿一种社会交互。

图 15 瑞士表现主义艺术家和设计师约翰·伊顿

常见的工作室状态是怎样的？曾经有一个段子，生动地表现了建筑设计学生的生活状态。[9] 这里摘录一部分，如果你符合以下 12 条以上的特征，那么你肯定是学建筑设计的。

（1）闹钟不是叫你起床，而是提醒你该睡觉了；

（2）你不再为上课打瞌睡和流口水而感到不安，尤其是在结构课上；

（3）你终于知道做模型的万能胶水尝起来是什么味道；

（4）浓咖啡和可乐不再是偶尔的调剂，而是生活必需品；

（5）你开始在上厕所的时候打瞌睡；

（6）你开始相信空间能够凭空创造出来；

（7）你已经在连续 48 小时内听完了你所有的 CD；

（8）你把宿舍钥匙丢了，结果一个星期以后才发现；

（9）你开始在学校的卫生间里刷牙和洗脸；

（10）你终于了解了光头和短头发的好处；

（11）你有时对着一个枯燥的人行道就拍光了一卷胶卷；

（12）你知道专业教室外的售卖零食和饮料的售卖机什么时候重新装满；

（13）你学会了早饭、午饭和晚饭一起吃；

（14）假期对于你来说，就是用来补觉的；

图 16 克里斯托弗·列恩爵士

（15）你的相册里房子的照片越来越多，人的照片越来越少；

（16）约会的时候，你带男（女）朋友去建筑工地上参观；

（17）你能背出学校周边所有 24 小时外卖的电话；

（18）你划破了手指后，想到的第一件事是我的模型怎么办？

以上这些现象体现了学生的日常生活片段。他们大多数时间都花在工作室里，工作室也成为了学生除宿舍以外最主要的生活学习空间。熬夜、加班和不规律的生活习惯似乎已经成了普遍现象。很多毕业多年的建筑师回忆起学生时代，在工作室里熬夜赶图、同学之间相互的批评和启发，同学之间发生的小意外，建立于个人妥协之上的团队精神是很难忘记的。工作室是学生成长的摇篮，在这里培养的工作习惯和思维方式都对日后的工作有着深远的影响，所以创造健康的工作室文化是很关键的。

这里，罗列了几项在很多工作室中有负面影响的思维。

（1）最好的设计都是熬夜设计出来的；

（2）建筑设计虽然有时需要互相帮助，但主要是单兵作战；

（3）工作室设计课程最重要，其他课无所谓，要学好建筑就把工作室设计课程放在第一位；

（4）好的学生在设计工作室之外没什么业余生活；

（5）创意总是在交图期限的压力下才能产生；

（6）和其他学生讨论可能意味着泄露自己的好想法。

首先，健康的工作室文化能够培养积极的态度。总体来说，建筑师坚信好的设计能够改善人的生活，这本身就是一个乐观积极的论断。建筑设计的未来潜力在哪里？如何能够将设计任务中的限制积极地转化成有利因素？创新的基础是积极的态度，工作室应当展现这种态度。很可能经过若干年的学习和实践，学习建筑最初的热情会消减，如何用积极的态度支撑自己继续前行是在工作室学习中就应该埋下伏笔进行训练和熏陶的。

其次，健康的工作室文化应当是相互尊重的。学习建筑设计的学生通常把自己想象成不囿于俗套和打破常规的革新者，这样很容易培养出一种个人精英意识。学生容易把别人当作竞争者，而不是合作者。在日常设计工作当中，建筑师往往充当一个协调者的角色，整合各个学科和利益团体的要求，形成可行的解决方案，所以设计

图 17 伦敦圣保罗大教堂

图 18 伦敦圣保罗大教堂

工作要求某种协调才能，尊重和听取别人的意见是第一步。工作室设计一般由指导教师协调，但如果把指导教师当作一个权威，那么学习的效果会大大减弱，就如同传统的作坊学徒制度中，学徒总是怕自己做错了而受到批评，不愿意去冒险，也不愿意承担错误决策的后果；工作室却鼓励学生自主性思维，勇于试验。因此，指导教师和学生、学生之间应当学会平等相处和相互尊重，这有助于形成健康的工作室文化。

最后，工作室文化需要鼓励多元化和共享。每个人都是不同的，工作室成员的成长背景、生活体验和思维方式都是不同的，而这种多样化是创新思维重要的成长土壤。同时，工作室成员表达观点的方式也是不同的，相互之间要学会聆听、理解和建议。我们经常可以遇到一些设计能力很强的学生，但是却不能充分地表达自己的设计思想，也无法客观有深度地去评价别人的工作，这些不足是可以通过训练弥补的，但是需要工作室有鼓励多元和表达的环境。

三、工作室生存法则

（1）全身心地投入你的设计：

如果对你的设计不够投入，那么从你的设计作品中就能很容易地反映出来，学习过程也变得效率很低，在答辩以及教师指导的时候便缺少信心，无法和指导教师形成有效的讨论，教学效果则大打折扣。

（2）形成良好的生活习惯：

努力保持良好的生活习惯和作息制度，提高工作效率，而不是占用大量的睡眠和休息时间在工作室里工作，这样往往适得其反，容易养成拖拉的工作习惯。

（3）养成正确的工作习惯：

包括设计发展和成果展示，养成正确地绘图和制作模型的习惯，有些细节似乎浪费时间，但是如果制作方法不正确，造成返工，则更加浪费时间，遵循正确的做法，而不是最快速的做法。

（4）重视设计的表达：

一个好的设计一定基于大量的研究和丰富的生活体验，并且建立在理性的设计决策上，把这些都整理起来，耐心地准备每一次答辩和汇报，这是设计工作的一部分，而不是附属品。一个好的设计应当充分地表达出来。

（5）重视团队合作的重要性：

学会尊重团队里的每一个人，同学和老师很可能是你日后工作最重要的资源和驱动力，相互鼓励，相互评判，一生受益。

（6）充分利用手边的资源：

经常见到在大学中已经度过了五年的学生，对于图书馆专业图书和期刊网络资源并不熟悉。设计学习基于多看多思考，对于资源的不熟悉直接导致了视野的狭窄，也会直接体现在你的设计当中。现在的网络相当发达，有大量的建筑师或项目介绍，这些都是有益的。

[1]安·兰德著，高晓晴、赵雅蔷、杨玉译，《源泉》，重庆：重庆出版社，2005。

[2] Vasari G. L.S. Maclehose trans, Vasari on Technique. New York: Dover; 1960, p23.

[3]迈克尔·布劳恩著，蔡凯臻、徐伟译，《建筑的思考：设计的过程与预期洞察力》，北京：中国建筑工业出版社，2005，第7页。

[4] Corbusier L. Toward an Architecture. Los Angeles: Getty Research Institute; 2007.

[5]布莱恩·劳森著，范文兵、范文莉译，《设计思维——建筑设计过程解析》，北京：知识产权出版社，中国水利水电出版社，2007。

[6] Anderson J. Architectural Design. Switzerland: AVA Publishing SA; 2011.

[7] Epstein S. Wage Labor & Guilds In Medieval Europe: The University of North Carolina Press; 1991.

[8] Harvey J. The Medieval Architect. London: Wayland; 1972.

[9] Till J. Architecture Depends. Cambridge, Massachusetts; London, England: The MIT Press; 2009.

第三章

视觉表达和沟通

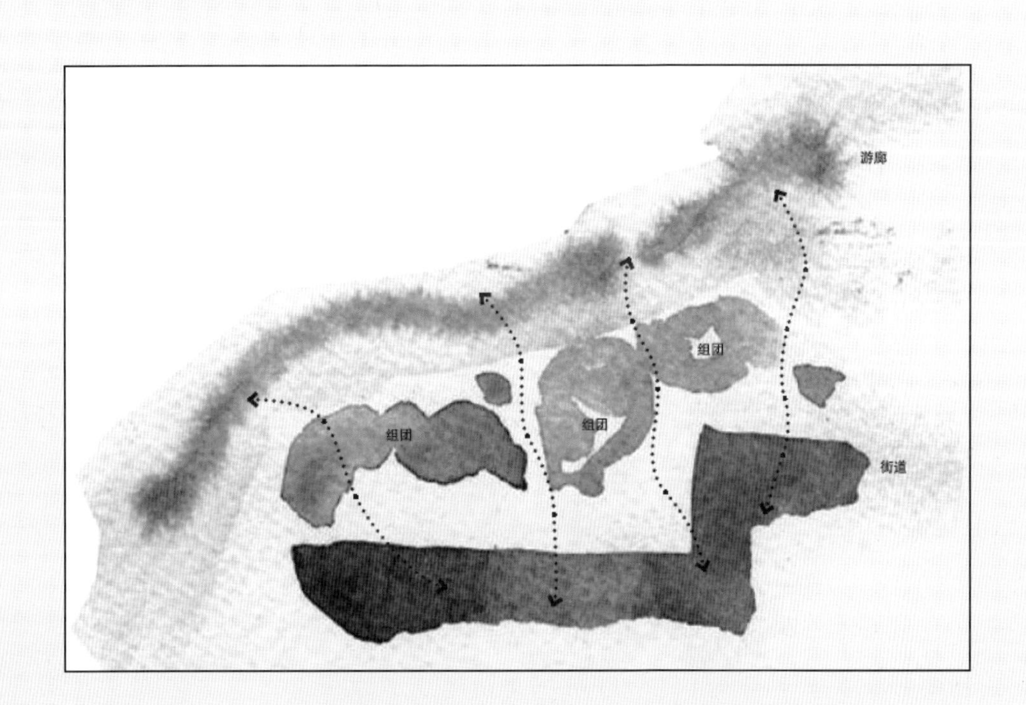

第一节 语言和视觉媒介

建筑师需要具备一定的表达与沟通的能力，包括了解各种视觉表达和沟通技巧的特点及制作原理；能够在设计不同阶段熟练地运用这些方法来表达设计思想、分析并且对设计成果进行研判；能够进行有专业知识背景和分析逻辑清晰的专业化写作，既要面对专业人士也需考虑普通大众。事实上，在目前教学现状中，大量学生沟通的能力缺乏训练，在成果评价中，沟通和表达所占的比例较少甚至没有。在实践工作当中，也有相当多的青年建筑师设计能力突出，但无法充分地表达自己的思想，无法和别人进行有效的沟通，使自己的设计大打折扣甚至流产。建筑师是沟通者和协调者，当今建筑设计的专业特点决定了沟通能力至关重要。

建筑师设计建筑，但事实上很少直接参与建造。经过长时间的摸索，建筑师已经发展了一系列专业化的沟通途径。在日常工作中，建筑师直接操作的媒介有两类：图像类和语言类。图像类的包括各种图纸和图表，例如草图、图解、现场照片、工程图纸和透视图等；语言类的包括书面的和口头上的语言表达，其中书面的包括设计说明、工作报告、会议纪要和商务信函的撰写；口头的包括日常的工作沟通、设计成果汇报、小组讨论、工作协商。

绘图是设计教学的核心，每个刚学建筑的学生都想努力学会画精美的图纸，图纸包含了设计的大多数内容。图像是非常有力的工具，当你观看图像的时候，可能只需几秒钟，就明白了图像所传达的意思，如果用语言转述图像内容时，可能用了几百个字，还无法把画面的所有内容讲述完全，也没有图像那种与生俱来的生动性和视觉冲击力。如果使用得当，图像胜过千言万语。图像在建筑设计学科的核心地位是公认的，语言类媒介相对来讲被忽视了。因为文字阅读相对来讲花费的时间更长，而口头交流和表达稍纵即逝，无法留下长久的印记，所以这两者在设计教学里并没有得到重视。但是，语言即便是口头语都对设计有影响作用。奈杰尔·克洛斯（Nigel Close）曾经研究语言在设计工作中的作用，他所研究的小组为骑行者设计一个山地车上携带行李的装置。在交流过程中，有一个成员提出“我们可以尝试一下吸尘器那样的圆盘”，这个描述简洁明了，生动而富有暗示性，后来每位成员在绘制草图的时候，都开始用圆盘来称呼自己的设计。布莱恩·劳森在分析这个例子的时候提到，绘图和语言同时运用能够让我们看到设计想法连续发展的过程。如果我们只依靠图纸，图纸之间的想法跳跃会很突兀，但是加上语言描述之后，就形成一种缓冲。两者结合才能形成有效的设计沟通。[1] 事实上，建筑图纸本身也是图像和文字的结合，草图的文字说明，工程图纸上的标注体系，形成了图纸表达信息的重要部分。

历史上的先贤们也注意到了文字和图像在传达信息时候的特点。刘徽认为，析理以辞，解体用图。[2] 文字比较理性有条理，适合用来分析和推导；图比较综合和直观，适合用来推敲整体关系和布局。文字偏于理性，适合表达抽象的概念，例如设计当中的要点和关键词就是这个作用：简洁、准确和明晰。图像生动鲜活，允许读图者有解读的空间，激发想象，表现图就有这样的效用。郑樵在《通志·图谱略》中提到：图，至约也；书，至博也。即图而求易，即书而求难。古之学者，为学有要，置图于左，置书于右。索像于图，索理于书。这个图文并置的方法对于建筑设计来说特别重要，所以在设计学习过程中，不应过度强调图纸，而忽略文字，在做笔记的时候也要养成图文并置的习惯。

第二节 视觉体验和思考

建筑的体验是多方面的，多感知的。传统上认为人具有五种感觉：视觉、听觉、嗅觉、味觉和触觉。虽然人们通过感观的相互合作来感知外部世界，但设计学科更多的是围绕视觉感知展开的。段义孚指出："人首先是一个视觉动物，因为他们的意识大部分取决于视觉。"[3] 对于视觉的偏爱并不仅仅是因为视觉是人类获得外界信息的主要手段，也因为经过漫长的历史，人类文化中有深刻的"视觉"文化范式。

在我们的教育和训练中，看的方式是和记录、抽象、分析及表达的媒介运用一起捆绑传授给学生的，这种捆绑使得媒介的运用不再是一种简单的技能，而变成一种看待体验世界和思考的方法。从一个门外汉到专业设计师，学生们第一个要学的，可能也是基础课程中较为困难的就是怎样运用"专业化"的设计媒介来表达设计思想。平面、立面、剖面、轴测图和透视图，以及各式各样的表现和分析图，在若干年的学习中慢慢演化成了设计的全部，最后关于体验、设计和生成的过程在头脑中简化成了不同复杂程度的图。在顺利地掌握了一系列的专业绘图技能后，这些图潜移默化地在影响思维的方式。在一些极端的例子中，掌握的绘图方法不但难以使其创造性具体化和深化，反而将其消磨殆尽，成了一种解读、体验和叙述的惰性。在设计实践中，媒介就是体验和思考的方式。一切知觉中都包含着思维，一切推理中都包含着直觉，一切观看中都包含着创造。

观看是一种感知，视觉思维的潜力无穷。阿恩海姆（Rudolf Arnheim）指出，艺术和设计正面临着被大量的空头理论扼杀的危险。理论家习惯用语言的方式去思考和推理设计，经过长时间的专业理论训练，我们逐渐脱离了活生生的体验，而喜欢在抽象世界中观看和思考。我们的大脑进化了，而眼睛退化了，同时创造力沉睡了。[4] 因此，必须通过训练唤醒眼睛的潜力，回顾阿恩海姆的视觉思考研究，对于设计教学很有意义。首先，视觉不是独立现象，是我们的观看和理解力、感受力、意志力相互作用所产生的一种"合力"。其次，观看是一种抽象概括，设计师只能看见他们被训练要去看的东西。阿恩海姆认为："观看者的观看机制是在一个有着自身结构的知觉领域中搜寻以发现自己的目标的。"每个人的知觉结构都不完全相同，他所搜寻的目标也不相同。艺术家常说："我写我看到的、感受到的东西。"因此，"一千个读者眼中有一千个哈姆雷特"。[5]

罗伯特·麦金（Robert McGinn）道出了图解思考对设计的重要性："使思考形象化的图解思考具有若干胜过内在思考之处。首先，涉及材料的直接感觉提供了感觉的养料，毫不夸张的'精神食粮'。其次，巧妙处理一个实际结构的思考是一种探索，发掘的才能，出乎预料的欣喜，意外的发现。然后，视觉、触觉和动感等直接范畴的思考产生一种即时的、实际的和行动的感觉。最后，形象化的思维结构为设计中的关键性设想提供了对象和视觉形体，使之可以与同事们共享。"[6]

第三节 视觉表达的传统

建筑概念一般先经过草图阶段，再转化成一系列的带比例的图纸或者模型，进一步推敲细节，形成一系列完整的工程图纸。工程图纸中包含了定位、尺度、位置、材料选择及施工和安装方法等各类信息，为施工单位提供施工指导，这是一套历史悠久的表达传统。如果我们把绘图当成建筑师们通用语言的话，草图就如同口语，生动而简洁，每个人有自己的习惯。用来表达效果的透视图则像散文或者诗，能够激发读者的想象力，体会建筑之美。用来指导施工的技术图纸则像产品说明书，语言精炼准确，是各种约定俗成的专业术语的组合。每个阶段的视觉表达有着不同的目的，也需要不同的技巧训练。例如用来分析的草图，不需要准确，但需要表达不同元素的关系；而表达设计理念的草图，需要快速，不必拘泥细节，过分地纠结细节容易使思路不畅，而延误设计概念的发生发展。工程图纸则要求清晰和准确，图纸的尺寸和标注需要反复核对，避免施工差错；一整套图纸的每个部分之间都要统一，避免读图的误解；图纸表达，例如文字大小和位置、线条的粗细等尽量清晰易读。在这一部分，我们将详述每种表达方式的特点。

一、草图

草图是一种快速、松散和开放式的绘图方式。快速是因为要及时记录所见和所思所想，松散意味着草图并没有规范去遵循，也不必强调准确性，而开放指的是草图的含义表达不是封闭的，草图的解读是多样化的，更像艺术家的绘画，欢迎从各个方面解读和体验。草图很多情况下是徒手绘制的，不用尺规。有些美术基础好的学生，对于徒手描绘并不陌生，容易上手；而对于美术基础薄弱的人来说，放松心态，大胆勾勒是有难度的。草图是一种技巧而不是天赋，通过大量的练习，每个人都能够熟练地掌握和运用这种技能。

在英国谢菲尔德大学景观系的草图训练课当中，指导教师凯瑟琳·迪（Catherine Dee）曾总结了一套方法来打破初学者不敢画的障碍。她要求每位学生站在窗口向外望，并且描画所见到的景物，15 分钟后，将画移交给旁边一位，下一位在这幅画上继续画，15 分钟后继续移交，直到转了一圈，然后把这些大家集体完成的全景图拼在一起观看。大部分同学都觉得这种训练很好玩，这种训练法，将每个人所见的不同景物叠加起来，形成了一种有趣的视觉叙事，不同的景物被并置或拼贴起来，同时每幅画都是集体创作，而没有署名，也就使基础薄弱的学生放下了包袱，自由描画。草图绘制不再仅仅是一种技巧的展现，而更多地成为人与人之间的对话。草图按照用途可以分为以下几类：

1. 观察草图

建筑师需要养成一个记录视觉日记的习惯，阅读时和旅行中看到的受到启发的东西都值得记录下来，这会成为你设计的营养来源和财富。另外，通过草图你也可以训练观察和体验的技巧。这种观察草图有点像速写。为了绘制观察草图，首先需要注意力集中，仔细观察描绘的对象，在动手画之前，先将眼前的影像进行分析，哪些是草图的主体，哪些是配景，空间的前后层次，远景与近景；可以使用一些简单的参考线来辅助绘制，也可以将复杂的景物先简化成抽象的几何体块，然后再逐渐增加细节，为了增强图片效果，你甚至可以加上光影或色彩（图 1、2）。

图 1 观察草图

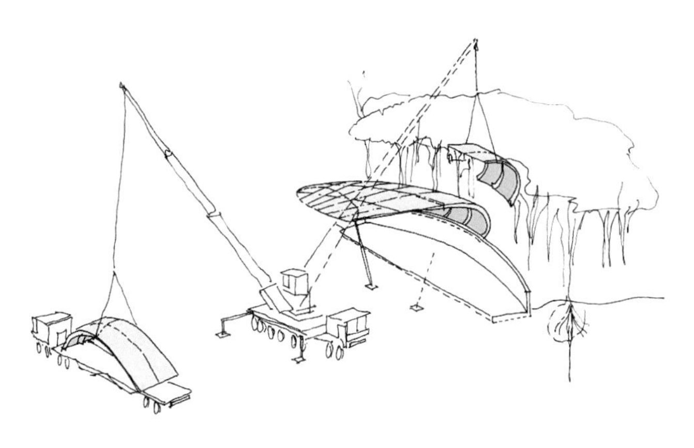

图 4 分析草图：阐明建造的顺序

图 2 观察草图

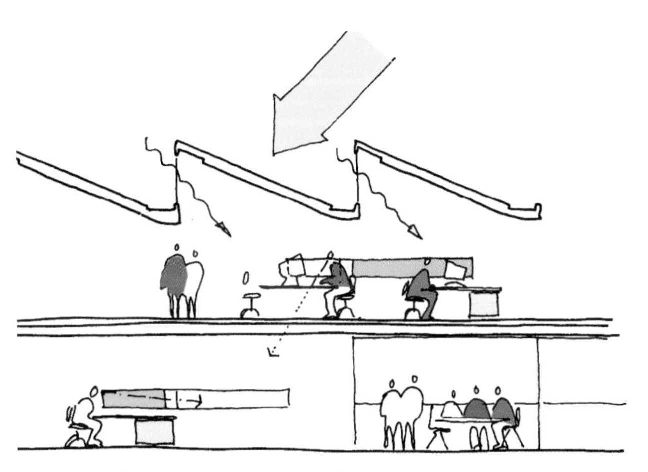

图 5 分析草图：阐明空间的竖向特征

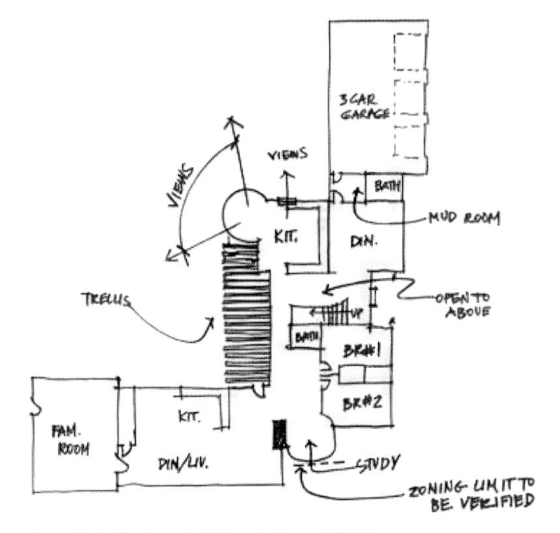

图 3 分析草图：阐明空间分区和特征

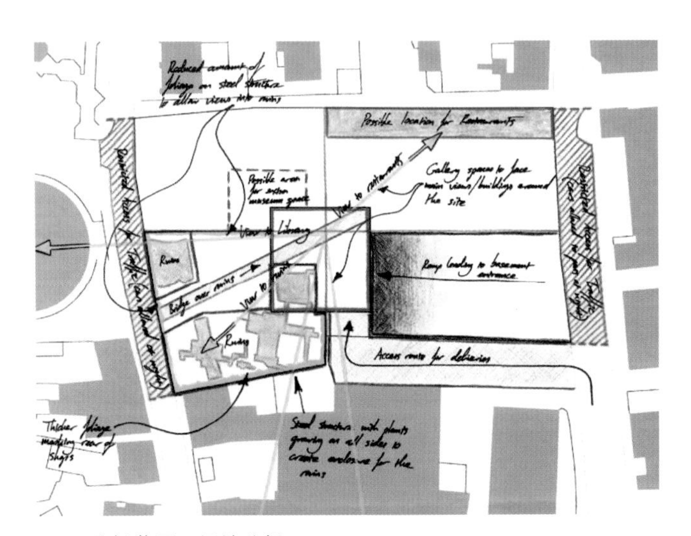

图 6 分析草图：场地分析

2. 分析草图

分析草图是理性思维的视觉化，目的是把建筑相关的复杂问题分解、简化和逻辑梳理（图 3—5）。例如我们经常使用的基地分析草图，可以把基地现状分解为基地的基本形状、植被特征、周边建筑特征、保留的树木和建筑或构筑物、周边交通状况、景观特征、地势标高、日照和风向等等。通过将基地的各个要素分解开来，逐项分析，基地的情况渐渐明了，而把这些分析汇总以后，就为设计概念的形成提供了支持（图 6）。

3. 概念表达

一旦概念基本形成，草图的作用就更倾向于表达、检验和沟通。草图可以理解成一种翻译，将抽象的概念以视觉化的方式表达出来。设计的概念是多样化的，概念的生成可以是来源于整体的城市肌理和尺度上的思考，也可能是某个具体空间的塑造和材料的运用，所以草图可能是大尺度空间格局的，也可能是细节上的。有了概念图纸，设计团队才能有效地讨论、评价和取舍方案（图 7、8）。

接下来，我们以一个设计的基地分析和概念生成为例，探究草图在其中的作用。这块基地位于一个新城和老区的交界处，基地现状为一个农贸市场和空地，观察草图帮助我们记录空间被使用的状态（图 9）。接下来，分析草图帮助我们去分析基地状况（图 10、11）。周边用地情况比较复杂，有居住、教育、行政管理和酒店等功能，因此本基地将来的使用者可能是周边居民、办公人员和外来游客。基地的主要车行交通是通过地块南边的道路实现的，人行流线目前却分散而缺乏组织。基地内主要的景观特征为地块北侧和西侧的一条小河以及河边的植被。基地内最突显的

图 7 分析草图：场地分析

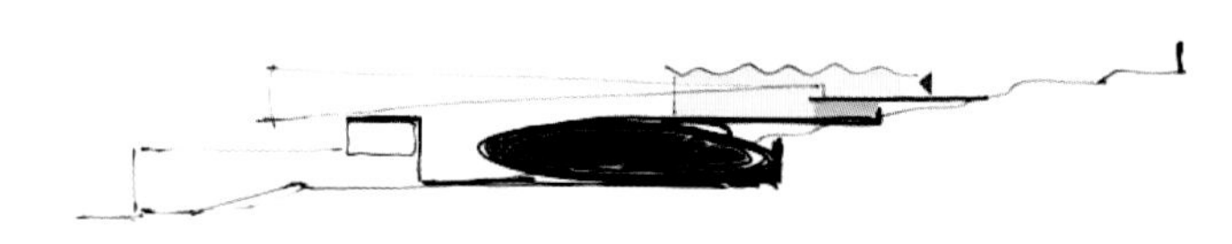

图 8 概念草图：视野和地形的关系

图 9 观察草图：记录场地特征

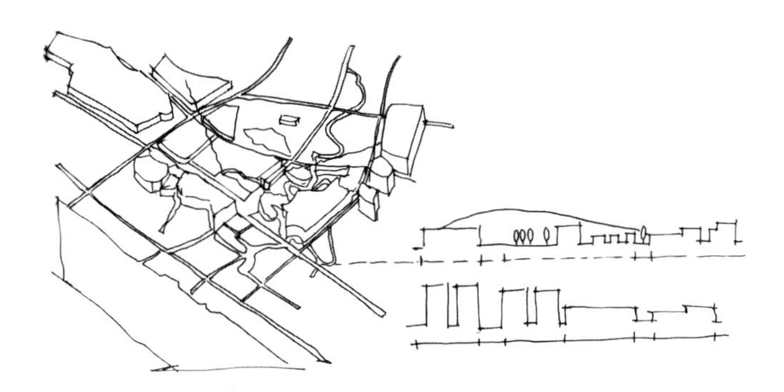

图 10 分析草图：周边建筑高度

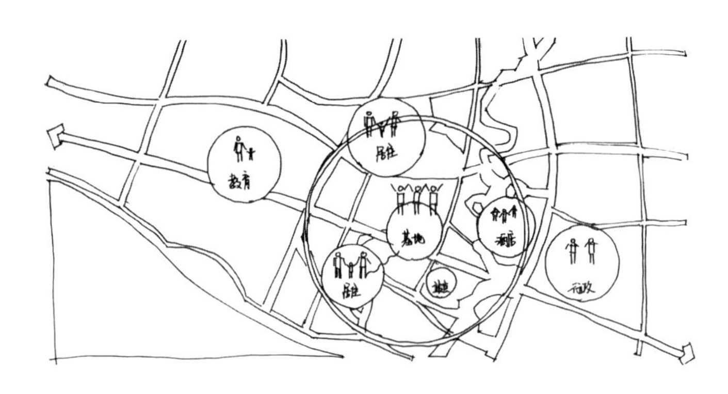

图 11 分析草图：周边使用人群

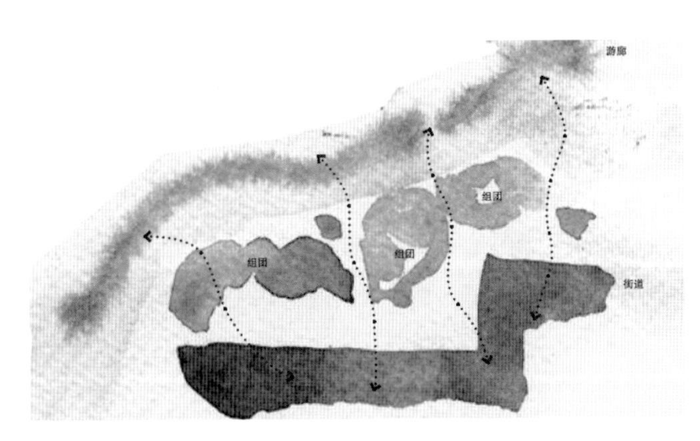

图 12 概念草图：三明治空间结构

矛盾是尺度上的，新拓宽的南边道路和对面高大的建筑是一种车行尺度，植被也尚未长成，而小河周边却有丰富的植被和宜人的尺度，这就为设计提供了出发点，如何形成有效的过渡和渗透空间，既要兼顾城市主要街道截面的限定，又能保持滨水景观的宜人尺度。

基地的主要矛盾和设计出发点确立了以后，我们开始利用概念草图推进设计（图 12）。根据地块的厚度，我们先构想了一个三明治结构，靠南边的主要道路是一组建筑高度较高、密度较大的建筑，明确限定主要道路的截面，沿北边河流，设计了一组体量小、高度低的景观建筑，主要提供当地居民的滨水休闲和观景作用。中间则是组团式的社区中心和附属商业，组团之间的空地为集市和广场。通过草图，我们来检验空间结构、开放空间系统、视线和视域、车行流线、人行流线各个方面的组织的合理性和可行性（图 13、14），经过几轮调整以后，我们利用草图来描绘建筑的外观特点和空间氛围。配合上相应的经济技术指标，这一套草图就可以作为讨论和沟通的基础了（图 15—18）。

前面提到草图的特点是松散和开放，那么也就为设计师的自由发挥提供了可能性，风格鲜明的草图常常成为了著名建筑师的名片，草图也成为了解读他们设计理念的非常重要的途径。高登·库伦（Gordon Cullen）的《城镇景观》（Townscape）这本书中，强调城市设计是一个集合的艺术，建筑、植被、山水和交通都要被有机地组合在一起。我们居住其中，游走其间，城镇空间远比单体建筑元素更加重要。我们所应付的是空间组合，而不是单体空间。因此，库伦提供了一种新的表现方式，称其为视觉序列，他强调

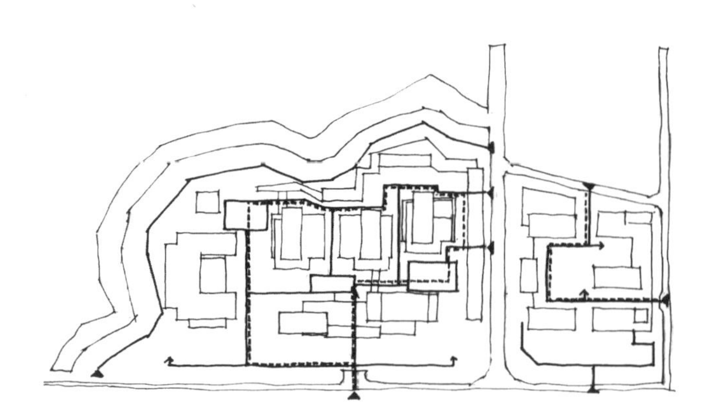

图 13 概念草图：流线分析

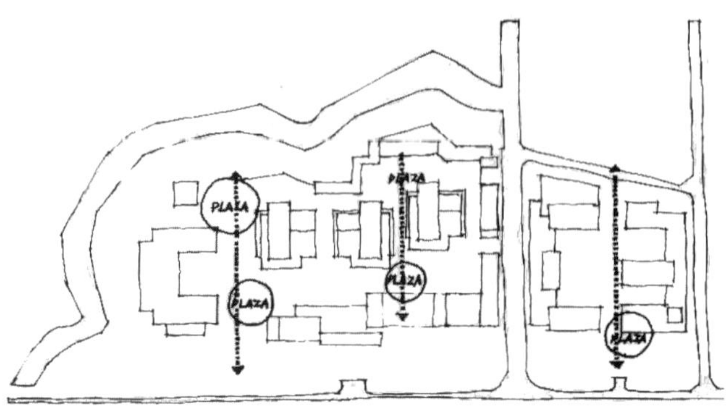

图 14 概念草图：开放空间结构分析

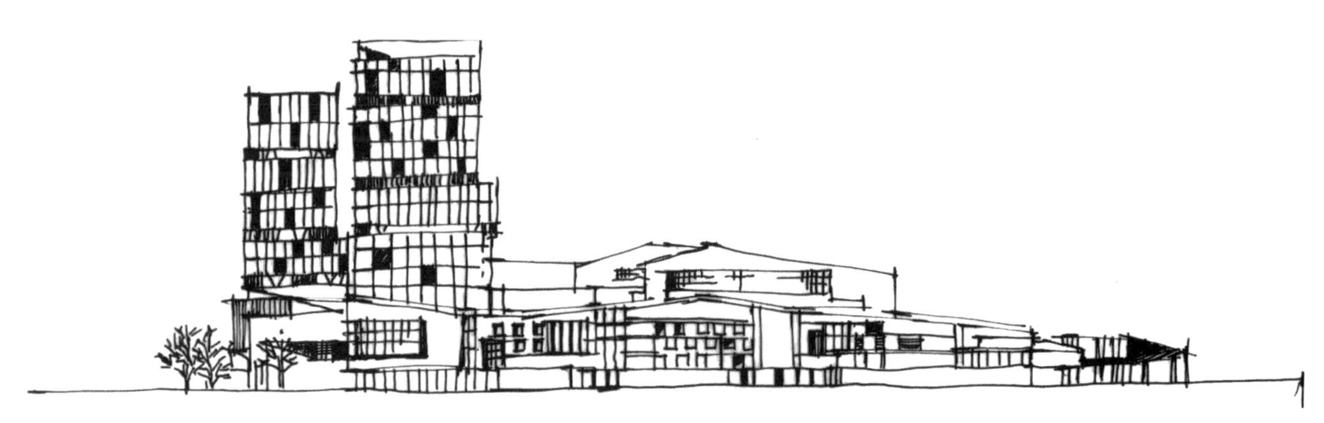

图 15 概念草图：天际线

图 16 概念草图：空间节点

图 17 概念草图：空间节点

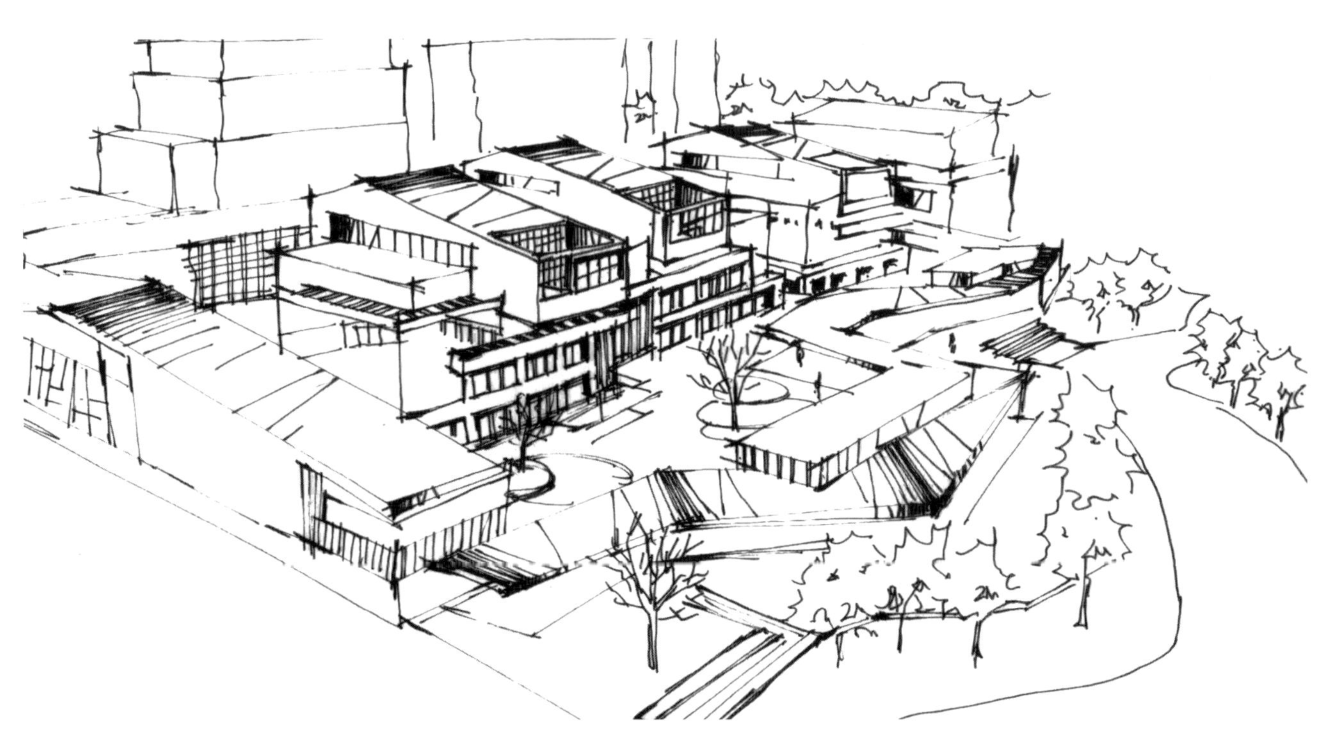

图 18 概念草图：空间节点

运动中的视觉体验在城镇空间设计当中尤为重要，而且历史上占有主导地位的单一静态图像值得质疑。当人们在城镇中漫游的时候，城市开放空间的体量和形态是相互合为一体不可分离的。在《城镇景观》中，库伦绘制了两张图，第一张图是城镇开放空间的平面，在上面标记着游者穿越空间的路径；第二张图则是一系列透视图的并置，告诉我们当游者走到某个位置的时候，他看到的是什么（图19）。通过这些草图，库伦试图还原一种游走的体验。

图 19《城镇景观》中的视觉序列

在建筑师当中，有一个沉醉于城市和记忆的马可·波罗般的游者：阿尔多·罗西（Aldo Rossi）。在他的建筑师生涯中，罗西时常在欧洲的城市当中漫游，试图理解城市的平面，并且根据类型去将建筑分类。罗西的绘画当中有一种强烈的个人色彩和神秘性，他时常不断地反复画同样的一幅画。他的绘图显然受艺术历史上静物画的传统影响，如同立体派画家一样，钟情于运用日常事物来推敲形式（图20）。在他的画中，我们无法判断是茶壶和电话簿被放大到了建筑的尺度，还是建筑被缩小成日常用品的尺度。罗西的画并不追求一种图面的逼真，正如他自己曾经回忆道："我现在眼中所见的事物都像是排放整齐的工具一样，它们像植物园的植物表格，或者像字典和目录整齐有序。但这个目录处于想象和记忆之间，不是中立的，有一些事物总是反复出现，不断变形或者说进化"。[7]通过这些视觉日记，罗西经由草图将建筑分门别类地整理，成为日后设计灵感的源泉。

我们经常会听到某个知名建筑师如何在餐巾纸上绘制的简单草图最后变成了经典建筑作品的传奇故事，但是作为初学者，合适的绘图工具还是必要的。开始，需要一个草图本，A4—A5尺寸的草图本容易携带，适合用来记录自己日常的思绪，而A3尺寸的可以用来做大尺寸的草图，为课程设计做准备。每一个思路都是可贵的，值得记录下来，在课程答辩的时候，建议你把草图本和正图一起作为成果，它可以展示你设计思路的发生发展，这对于指导教师做出一个全面的评价很有帮助，重要性并不亚于正图。最常用的绘图笔是铅笔和炭笔，可以勾勒轮廓也可以快速地涂抹阴影或区域，极为方便（图21、22）。铅笔有硬度的区别，草图最常用的是软性的2B以上铅笔。同时，毡头笔和钢笔也是经常使用的，毡头笔也有各种宽度，能够在纸上形成清晰的黑白对比，给人以确定和肯定的感觉，

图 20 罗西所绘制的《叉子和男子》

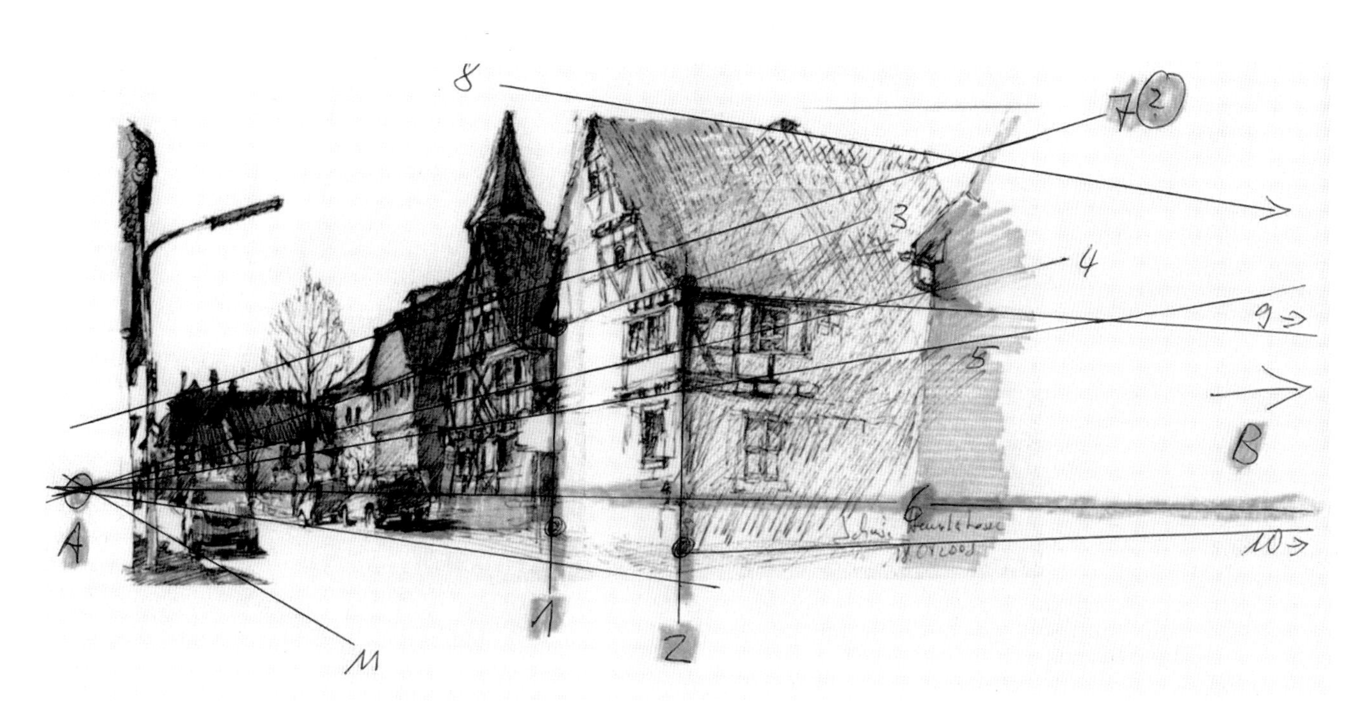

图 21 铅笔草图

图 22 安藤忠雄草图

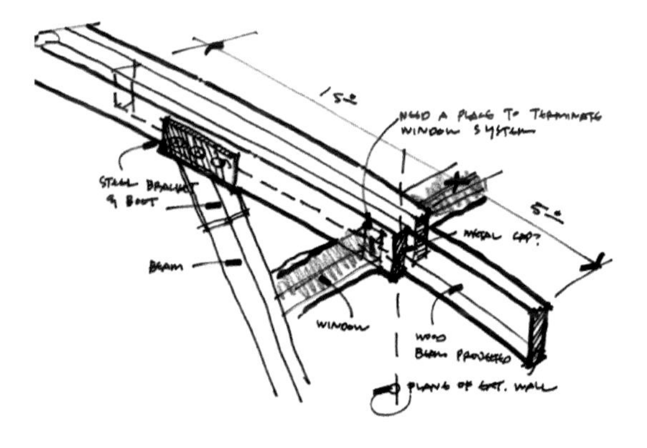

图 23 钢笔草图

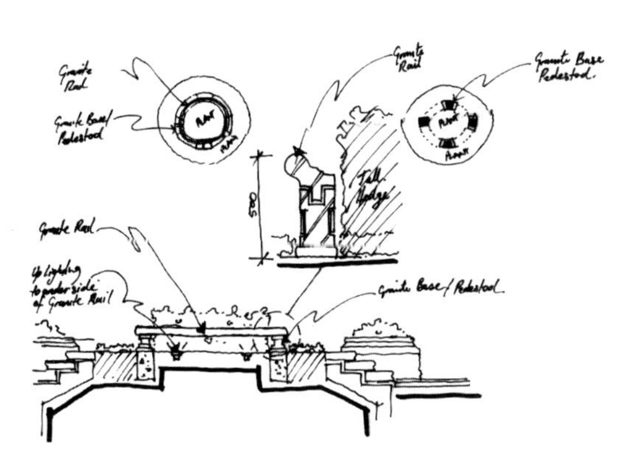

图 24 钢笔草图

纤细的笔头也可以用来描绘精致的细节（图 23、24）。除此之外，也可以准备一套彩色铅笔、马克笔或水彩笔，可以在需要的时候在黑白图像上施以颜色。在绘制草图的时候，需要放松和充满信心，细节的失误不会影响整体效果，所以尽量不使用橡皮和修正液。

二、平面、立面和剖面

用一系列二维的图纸把丰富的三维建筑空间表达清楚是件具有挑战性的工作，图纸上的信息要准确，并且相互关联。专业发展至今，已经形成了一种普遍公认有效的绘图系统，无论建筑师、结构工程师、设备工程师或施工方都能读懂这种图纸，并且以此为基础开展自己的工作。无论亚洲、欧洲还是美洲，绘图习惯略有差异，但总体来讲这个绘图系统的原理是一样的，不存在交流障碍。这套图纸系统原理上是三维空间的正交投影二维图形（图 25），例如从建筑上方向下观看，则得到了建筑的屋顶平面，屋顶平面可以看清屋顶的布置方式；将建筑水平剖断向下观看，则得到了建筑的平面，可以看清建筑尺度、房间布置、流线组织、门窗布置等；将建筑竖直剖断观看，则得到了建筑的剖面，可以看清建筑的楼层高度，以及各个空间竖直方向和室内室外的关系；从建筑的四个侧面观看，得到了建筑的立面，立面用来表现建筑的外观信息。一整套的建筑方案图纸包括建筑总平面、各层平面、各个立面以及主要位置的剖面，有了这一系列图纸，一个三维的建筑的基本框架就可以复原了。

正交投影图原则上属于技术性图纸，它需要清晰准确，尽可能地减少误读的可能性，并不像草图那样允许设计师以自己的方式随意发挥。技术图纸有着相关的规范要遵守，也有一套专业的符号体系，明了而简洁地传递尽可能多的信息。现代建筑设计行业内，大部分的平立剖图纸是用计算机辅助设计系统完成的（CAD）。这是一个革新和突破，CAD 的应用大大地提高了工作效率和准确度，使复杂项目的实现成为可能。对于初学者来说，正确的读图和绘图是要经过长期训练的技能，不能指望一蹴而就。

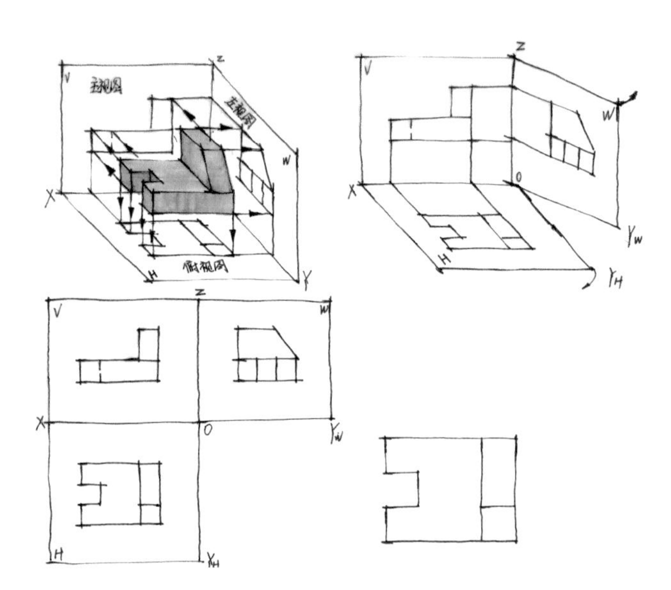

图 25 正交投影图形原理

平面图

在设计过程当中，平面一般来说是信息最多的图纸，推敲和设计平面是很重要的一个步骤，需要考虑建筑的规模、空间的大小、结构体系、房间的分布和组织以及流线组织（走道、楼梯以及电梯）。中世纪欧洲工匠们就开始绘制平面，当施工时，将平面图放样在基地上，就可以进行基地和墙体的施工了。柯布西耶曾经称平面是发生器。[8] 没有平面就没有意图尺寸和表现力，也没有节奏和体积与连贯性，平面需要更加活跃的想象和更加严格的训练。平面的主要节奏：作品根据它的指示向纵向和横向发展，根据同样的法则从简单向复杂发展。

一旦平面总体布局确定，我们可以进入更深入的设计，例如家具和门窗的布置，设计的深入要求我们返回头调整整体方案，反复几次，平面基本确定了。在平面图上我们还可以看到很多文字说明，这也是绘制很重要的组成部分，例如房间用途、主入口等。我们还要注意利用线条等级来增强图纸的可读性。例如，我们会用粗线来表达被剖切面剖到的主体结构——墙和柱。细线来表现被剖断的附属结构——门窗等，以及没有剖断但是看到的投影线，称之为看线，例如台阶、坡道。为了增强图纸的效果，我们还可以用更细的线条表现家具和地面材质。不同等级线条的利用可以使图纸层次丰富而且明晰，但也没有必要使用过多等级的线条。从经验上来看三到四种不同的线宽在一般的建筑平面图上就已经够用了。另外，在总平面和底层平面上我们习惯画上指北针，这样可以方便考察建筑的朝向和房间的关系，出入口位置和基地外道路的关系。同时，因为平面是一整套图的关键，所以在平面图上我们要画出剖面的剖断位置（图 26—29）。

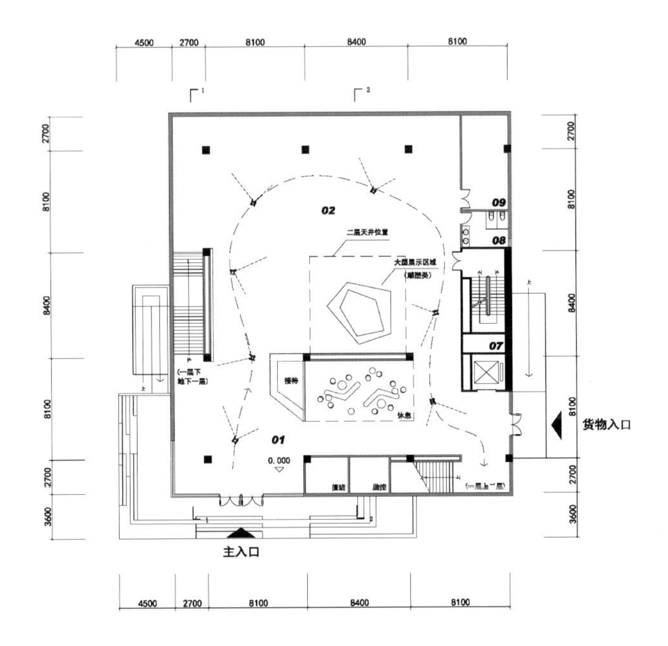

图 26 小型美术馆一层平面

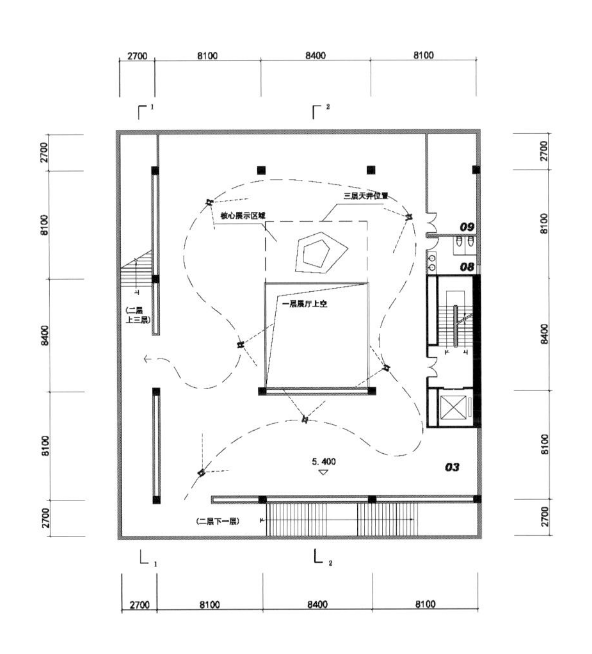

图 27 小型美术馆二层平面

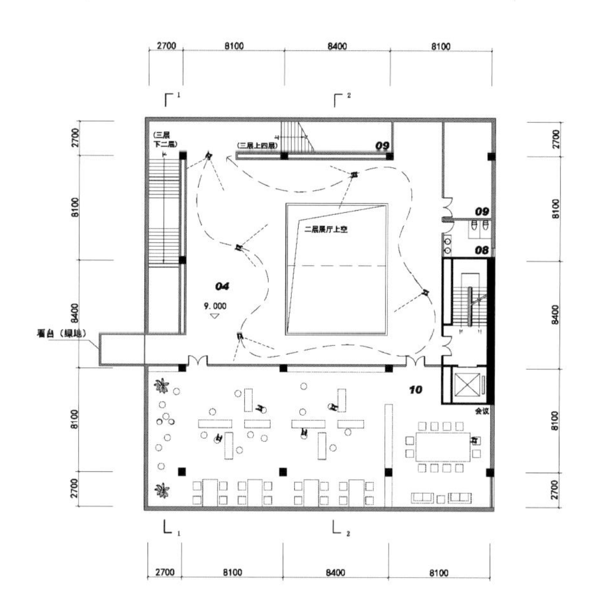

图 28 小型美术馆三层平面

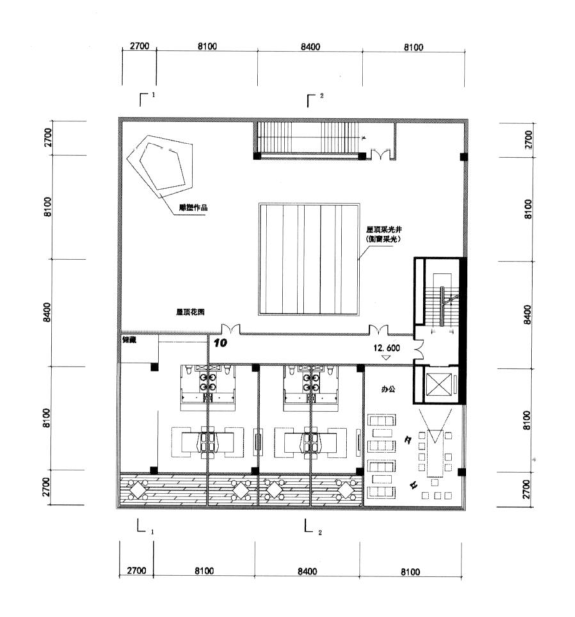

图 29 小型美术馆四层平面

立面图

建筑立面也是从中世纪开始就使用的传统图纸，主要是确定建筑的高度、拱券的尺寸以及窗户的式样，除此以外还有一个很实际的用途，就是指导施工脚手架的搭设。对于外行人来说，立面图估计是比较容易读懂的图纸，它描述的是建筑的外观。因此，立面图一般要结合周边环境、周边树木和建筑有助于我们对建筑体量做出合理判断，但为了突出建筑主体，树木和周边建筑应当适当简化。同时，为了突出立面的前后空间层次，我们有时候会在立面上画出阴影，例如退后的窗口和檐口，阴影的介入可以使画面更加清晰易懂和生动。通过立面图，我们可以判断建筑的体量、比例和材料运用是否符合建筑的性格（图 30）。

剖面图

相比起平面和立面，剖面图的历史稍短。维特鲁威在《建筑十书》里提到了三种图：ichnographia，orthographia，scaenographia，常被翻译成平面、立面与剖面。这个“Scaenographia”并不是我们现在所说的剖面。这个词来源于希腊文，是一种透视图，类似我们现在的一点透视，所有平行线汇聚于中心点。这种图大量地用在舞台剧的布景上，为了在舞台上逼真地再现故事发生的场景，例如街道或广场。布景画家利用透视图的画法，通过景深的表现在二维的背景上画出三维空间效果。当场景发生在室内的时候，则需要将建筑竖直剖开，我们称之为剖透视。对于当时的建筑师来讲，如果设计的项目是教堂，建筑最中间的主体空间往往是整个设计的精华，为了表现这个主要空间，剖透视也被大量地使用。现在我们所说的剖面是正交投影图，没有景深也没有透视，目的并不是为了表现室内空间，而更多地表现建筑不同空间的竖向关系（图 31—33）。

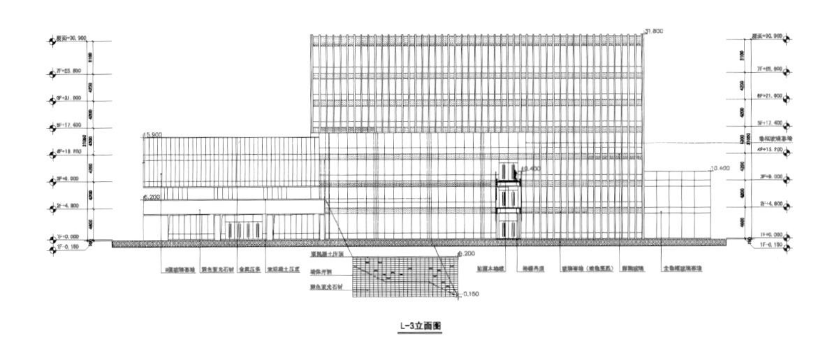

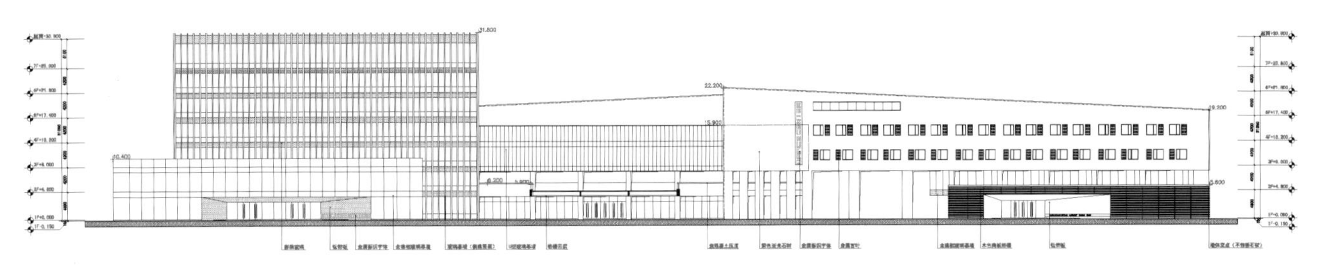

图 30 某办公楼立面

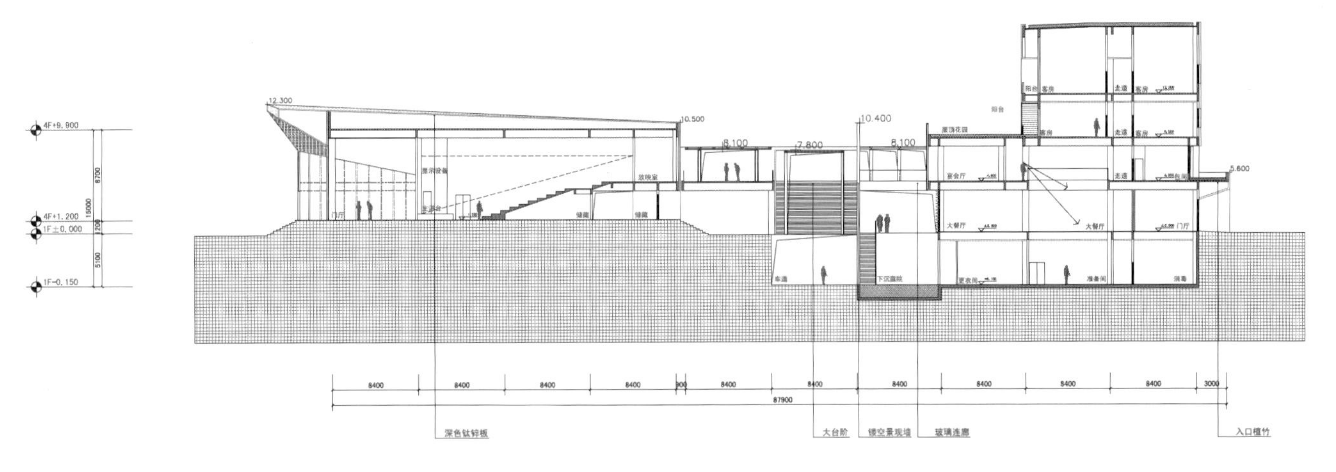

图 31 某会议中心剖面

对于初学者来说，剖面图可能是最难理解的，因为它不够直观，而且没有专业的训练，人们也很难想象将建筑竖向剖切的效果。其实剖面和平面的原理接近，只不过剖切方向不同。我们可以想象一下我们竖向切开一个苹果，那么苹果的果核、果肉和果皮的组成方式就一目了然了，建筑也是一样，它关于线条等级的传统和平面图也很相似，但是剖面图揭示了很多平面图或立面图无法表现的内容，例如墙体和屋顶、墙体和楼板、墙体和基础的交接关系。通过平面图我们可以看到建筑空间的水平组织关系，而剖面图提供了空间的高度。当建筑比较复杂的时候，一个剖面可能不够，所以会有几个不同方向的剖面相互参照，才能充分地表达空间关系，这些剖面的剖切位置和投影方向应该在建筑平面上有所表现，并且编号，例如 A-A、B-B，以便相互参阅。

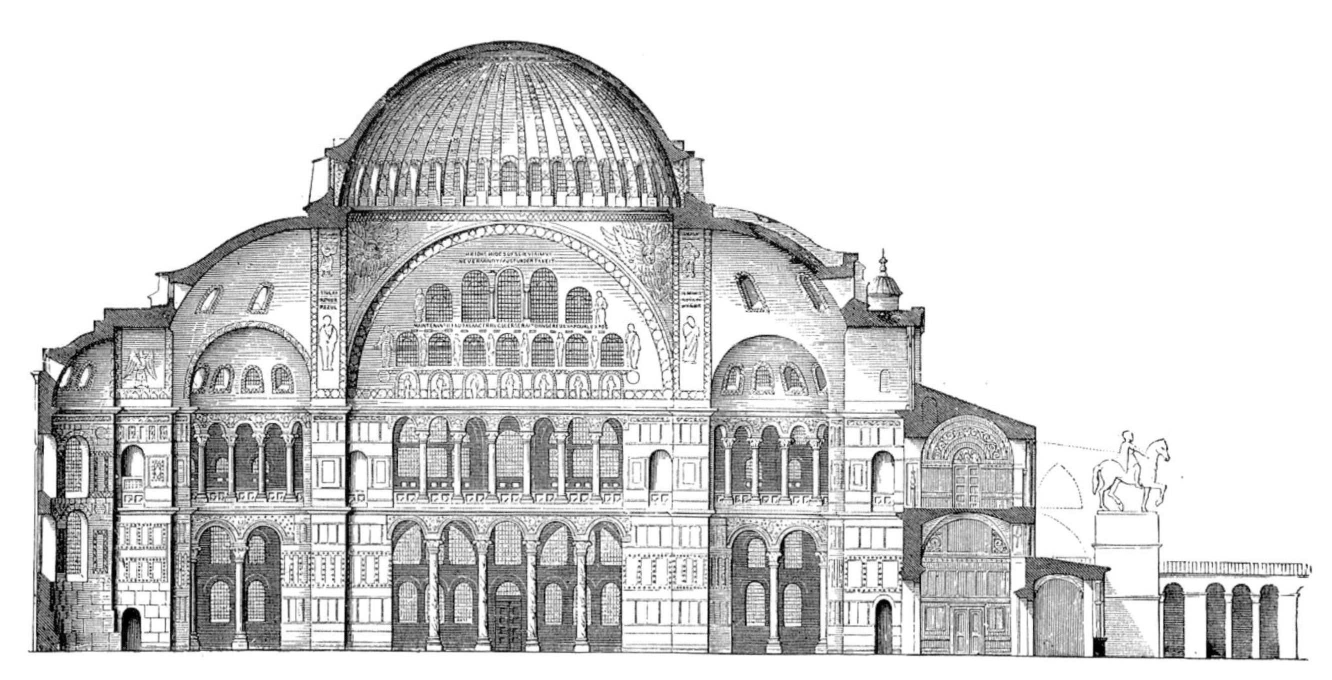

图 32 圣索菲亚大教堂的剖透视

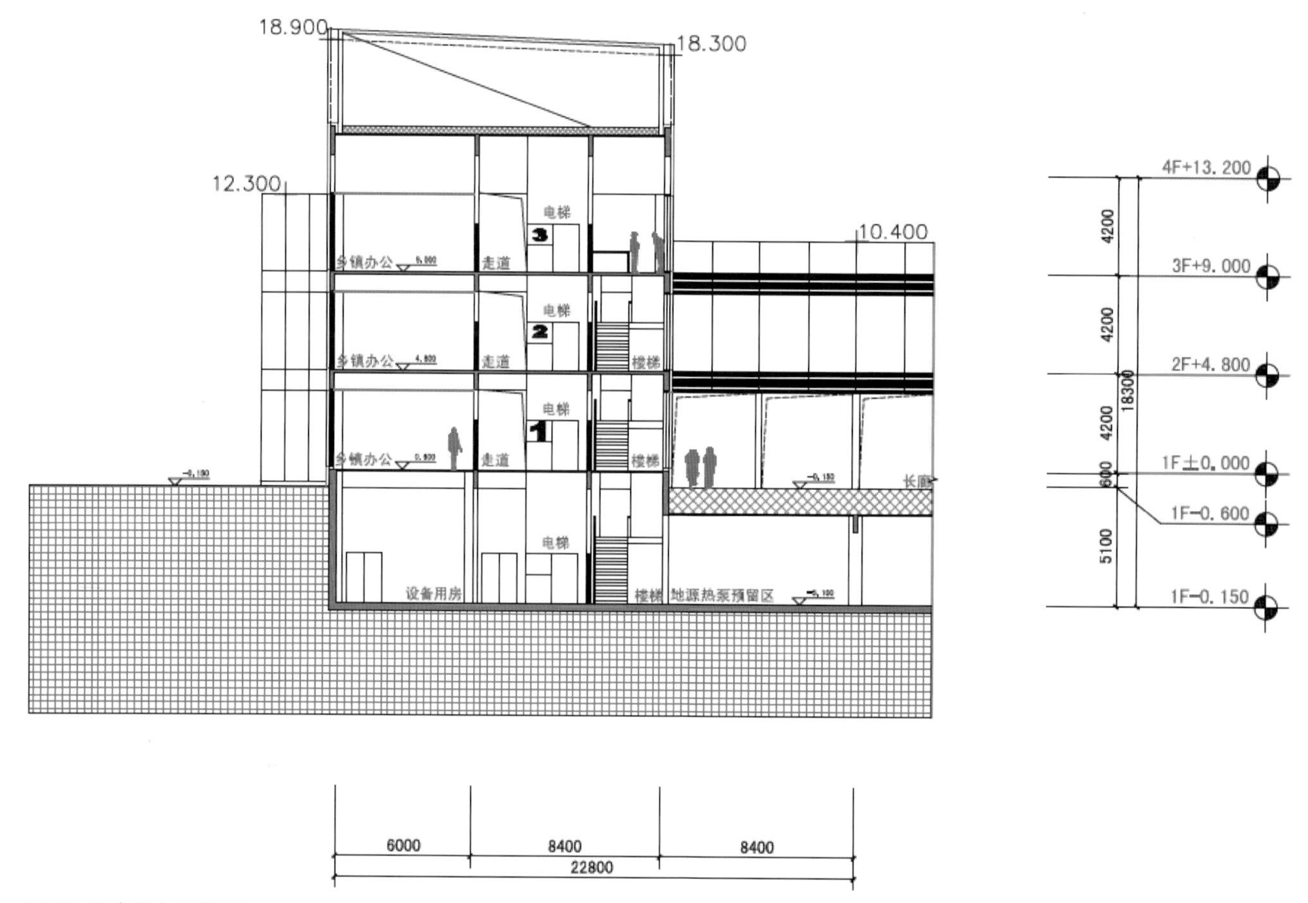

图 33 某会议中心剖面

比例与标注体系

建筑的平立剖面图纸一般是成比例的。总平面表现建筑地块和周边地块的关系、建筑与周边环境的关系，以及建筑的总体布局，所以一般所要表现的面积比较大，最常用的比例有 1：2000、1：1000、1：500，建筑单体平面、立面和剖面根据建筑体量的大小，经常用的比例为 1：500、1：200、1：100。一般情况下，一座建筑的各层平面应当比例一致，立面和剖面应当比例一致，减少误读的可能性。为施工而准备的节点详图则根据具体情况制定比例，原则是表达清晰明了，常用比例有 1：50、1：20、1：10，甚至 1：5。

标注体系是建筑设计图纸中经常可以见到的，有些容易理解，例如尺寸标注，主要有两类：水平尺寸和竖向标高。平面上房间的大小、门窗的尺寸、结构柱距等等都是需要标注的内容，有了这些尺寸，施工人员才能够在现场定位施工。剖面和立面上的重要尺寸有建筑层高、檐口和屋顶的高度、楼板标高，室内外高差等等。如果利用 CAD 来绘制图纸，我们可以做到非常准确，但是长久以来，施工人员还是遵循一个遗留下来的传统，不用尺子量图，如果图纸上某个尺寸没有标明，应当联系绘图者补齐，而不是自己用尺子量。

另外一种标注体系比较难懂，它就像医生的药方，设计人员、施工人员和材料设备提供商可以读懂，但没有经过训练的人很难读懂。例如变电箱、风管、消防设备箱、电器开关、电梯等等。为了保证可读性，我们在图的一角会把这些图例都罗列出来。

三、透视图

透视图是最接近我们视觉体验的一种图。透视图之所以在建筑设计领域越来越被广泛运用，是因为透视图像照片非常容易被解读，无需任何专业背景和训练。透视图最初是文艺复兴画家发明的一种理论体系和绘画技巧，其目的之一就是解决如何在二维的画面上描绘出三维空间深度，并且相应地建立了一套关于视觉体验的理论框架。

首先透视理论利用几何学来模拟视觉成像现象。人类视觉是怎样感知三维深度的？透视原理是建立在视觉金字塔之上。1811 年，布鲁克·泰勒（Brook Taylor）在其著作《直线透视的新原则》一书中绘制了一幅插图来解释视觉金字塔和透视的原理。[9] 在图中，作者用很多直线来连接观者的眼睛和物体的关键点，这些连接线汇聚于眼睛而形成了一个金字塔。画面切割连线以后得到了一种投射而成的影像，透视其实就是这样一种投射关系而得出的三维世界在二维媒介上的投影。有些方向上，物体被缩短了或扭曲了，视觉上的三维深度也就产生了（图 34）。

欧洲的画家们最初运用透视图的目的是创造空间进深以及作为叙事的一种手段。首先，透视灭点可以将观者的视线牵引向重要的角色。文艺复兴画家马萨乔（Masaccio）的《圣三一》是个很好的例子（图 35）。1427 年左右，马萨乔为佛罗伦萨圣玛利亚教堂绘制了《圣三一》，这幅画被当作是现存最古老的运用透视的绘画，也被认为是该画家鼎盛时期的作品。在画面中，耶稣站在画面上方，手扶十字架，一只白鸽象征着圣灵，圣约翰站在右边，圣母玛利亚站在右边直视观者。整个建筑穹顶的三维深度一览无余，而所有线条消失于灭点，灭点则位于耶稣头部位置。据说马萨乔在绘制这幅画的时候曾就透视画法请教于布鲁涅列斯基（Filippo Brunelleschi），他采用的是先绘出参考线网格来制作严格的透视效果。在马萨乔另一幅画作《纳税钱》（Tribute Money）中（图36），采用了同样的策略。透视的灭点位于耶稣头部附近，强调故事的主角。在观看这些画的时候，我们的目光总是不知不觉地被吸引到灭点位置。其次，除了用来强调主人公，灭点也可以用来强调画家所要描述的动作和事件。纳吉安诺（Domenico Veneziano）的《圣露西受难》（Martyrdom of Saint Lucy）中，行刑者将匕首插入圣露西的颈部（图37）。这一行为是绘画的主题，而透视的灭点则位于此处，在平台上观看的人也指向这一动作。在这些画作中，透视的灭点和消失线强调了画面的主题，也构筑了整个画面的结构。

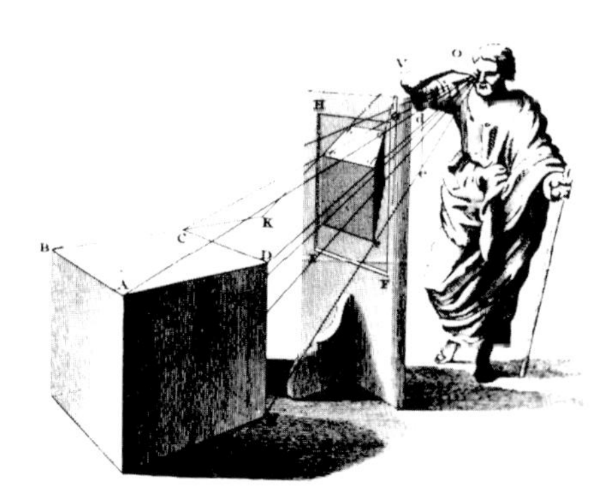

图34 布鲁克绘制视觉金字塔和透视的原理

文艺复兴的佛罗伦萨，布鲁涅列斯基利用一个有趣的装置做了个实验。这个装置有两块板，第一块板是一幅佛罗伦萨洗礼堂的透视图（当时是圣乔瓦尼教堂），透视的视点位于教堂广场对面后来建成的佛罗伦萨大教堂入口内5英尺的地方。布鲁涅列斯基的传记作者马内蒂（Antonio di Tuccio Manetti）详细记载了这个装置的情况。在第一块板上布鲁涅列斯基绘制了一幅画，在板的中间有一个洞，在画的一边，小孔小如针眼，在背面逐渐放大。另一块板是一面镜子，当观者把眼睛放在小孔后，望过去，再将镜子放在对面，观者就可以从镜子中看到画面的反射，所看到的教堂就和真实的一样（图38、39）。描绘了这个装置是怎样运作的。瓦萨利认为是布鲁涅列斯基发明的透视，那么这个装置可能是检验透视的有效性，也很有可能是炫耀这一精巧技术的手段。

透视图呈现出来的特征为近大远小，近高远低，近长远短，近疏远密；互相平行的直线的透视交会于一点。建筑表现中最常用的透视类型有：一点透视、两点透视和三点透视（图40）。一点透视为物体主要立面与画面平行，进深方向的直线垂直于画面，只有一个灭点。一点透视图像最为稳定，制作方法也简单，可以有效地强调空间进深。两点透视，物体上主要立面与画面成一角度，但高度方向与画面平行，所作的透视图有两个灭点。两点透视可以清晰地表达出建筑体量关系以及建筑角部的转折关系，所以在建筑表现中

图35 马萨乔《圣三一》

图 36 马萨乔《纳税钱》

图 37 纳吉安诺《圣露西受难》

大量运用。三点透视：物体的长宽高三个方向与画面均不平行，所做的透视图有三个灭点，称为三点透视。三点透视有点类似变形的效果，比较夸张，常用在高层建筑的表现上。

画法几何课程将详细讲述透视和阴影的准确画法，但在实际工作中，我们需要更为简便的方法快速地大概勾勒出建筑的透视效果，最为常用的是网格法。将建筑的平面图置于正方形的网格网内，首先求出方格网的透视，再按平面图在方格网内的位置，定出其在透视网格上的相应位置，从而求出建筑体底面的透视，然后再添加各部分的透视高度，完成透视作图。这种利用方格网求作透视图的方法，称之为网格法，这种方法特别适合制作建筑群或平面布局复杂，而高度方向上变化相对简单的建筑（图 41）。

图 38 布鲁涅列斯基发明的透视检验装置

四、轴测图

用平行投影法将物体连同确定该物体的直角坐标系一起沿不平行于任一坐标平面的方向投射到一个投影面上，所得到的图形，称作轴测图（图 42）。轴测投影属于单面平行投影，它能同时反映立体的正面、侧面和水平面的形状，因而立体感较强，在工程设计和工业生产中常用作辅助图样。轴测图的基本特征为：空间内平行的两条直线，其投影仍然保持平行，而不是像透视图那样会聚于一点；空间平行某坐标轴的线段，其投影长度等于该坐标轴的轴向伸缩系数与线段长度的乘积。

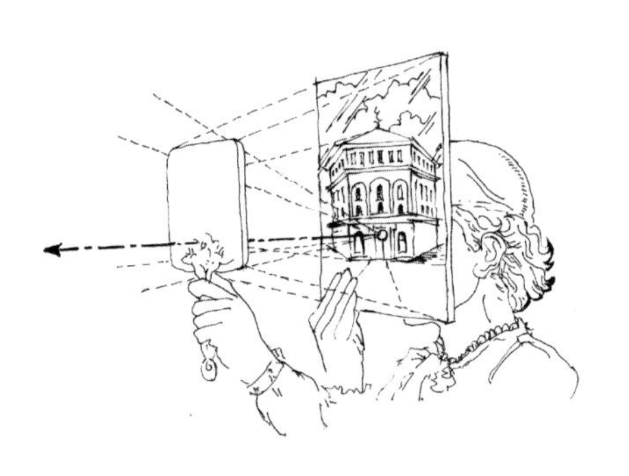

图 39 布鲁涅列斯基发明的透视检验装置

詹姆斯·斯特林（James Stirling）是一位善用轴测图的建筑师。

对于斯特林这样的实践建筑师来说，轴测图恰当地揭示了一个设计的空间和体量的组合，给我们提供了对建筑的准确理解。在斯特林和麦克·威尔夫德（Michael Wilford）的事务所中，轴测图被大量地运用来推敲建筑的整体体量直到细节，例如建筑的角落或者雨棚的某个细部。在图 43 中，斯特林采取了低视角，或者说虫视图，这是一个正常情况下人类无法感知的视角，只是一个存在于概念中的视角。在这张图中，这个建筑在底层位置被切开，和地面脱离，飘浮在空中，我们可以看到底层钢筋混凝土框架和上部体量的关系，这个视角显然是为了表明这种关系而深思熟虑后采用的。轴测图所提供的独立于视点而存在的空间摆脱了透视图中的视觉模仿，而为空间构筑提供了极大的自由和可能性。

轴测图的空间建构逻辑是怎样的呢？首先，轴测图中保留了某些在透视图中丧失了的信息，例如被描述事物的绝对尺度。在透视当中，我们很少去丈量尺度，因为事物在我们的视野中扭曲和缩短了。而在轴测图中，我们却可以得到物体准确的尺度，而且这些尺度不会因为视点的改变而变形，它们已经脱离了视点的约束。另外，轴测图也经常用来表现建筑物的内部结构逻辑，例如史蒂芬·霍尔（Steven Holl）在纳尔逊美术馆竞赛中采用的分解轴测图（图44）。分解轴测图将建筑的各个组成部分分解开来摆放在同一张图中，以表明各个部分的对应关系和逻辑。同样，这类图表达是空间的抽象思维逻辑，而不是任何感官的体验。

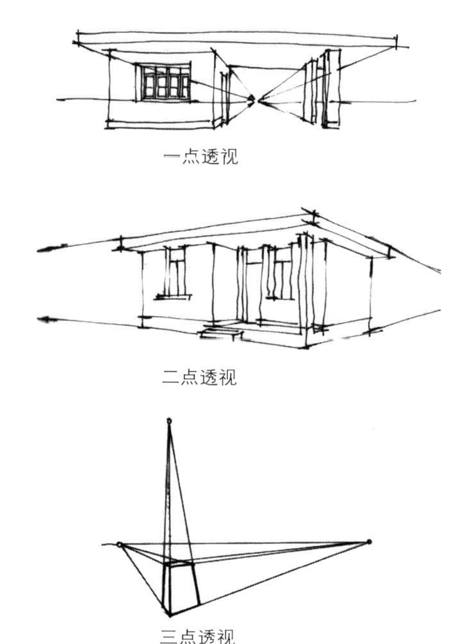

图 40 透视的种类

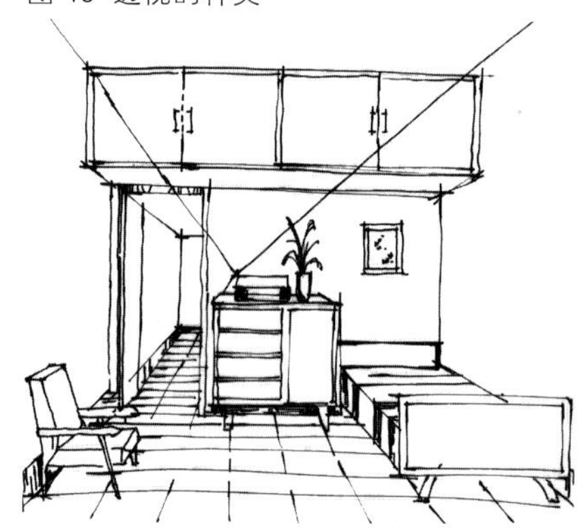
图 41 网格法的运用

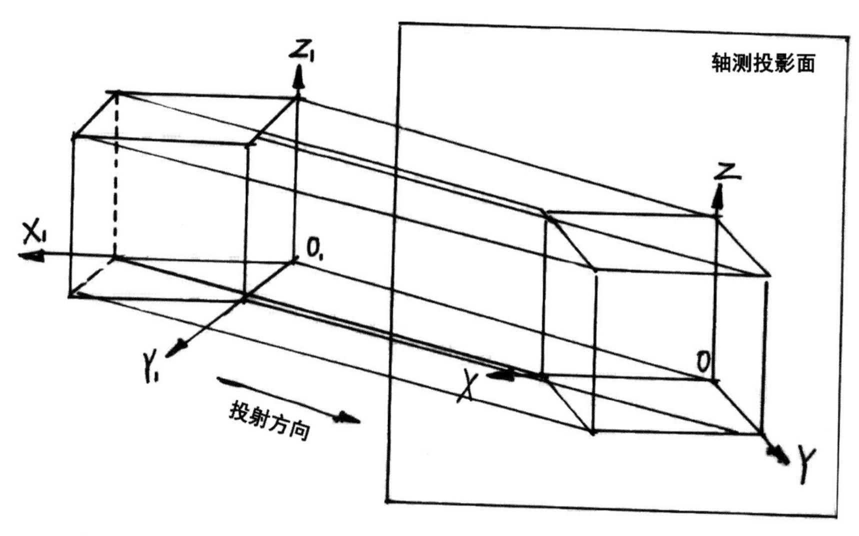

图 42 轴测图原理

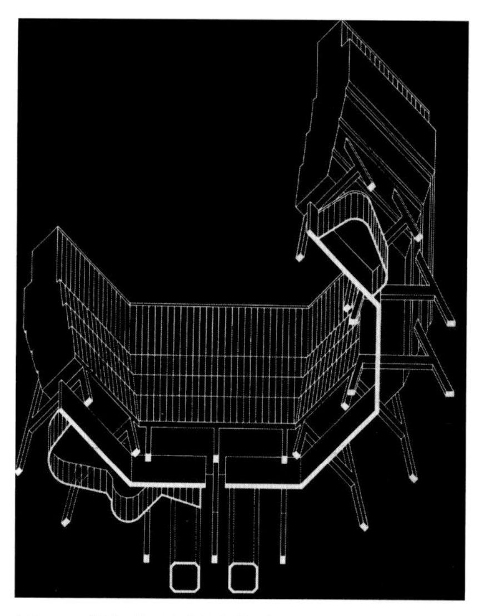
图 43 詹姆斯所设计的虫视图

第四节 微缩的建筑：三维模型

建筑师用两维的图纸表现建筑的三维空间，模型则是三维的媒介，建筑师可以对建筑的尺度、形态和材料更加直观地观察和评判。模型可以表达细节的处理，例如窗户和门的做法，也可以是很大尺度上的城市沙盘。当代的CAD系统的发展，允许我们在电脑里建立准确和逻辑清晰的建筑模型，但传统的手工模型仍然受到建筑师的青睐。因为传统手工模型具有二维图纸不具备的直观性，例如重力对建筑的影响。

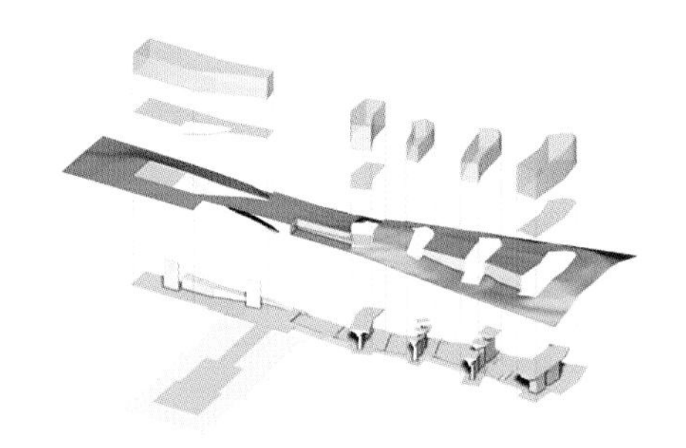

图44 史蒂芬·霍尔设计的纳尔逊美术馆轴测图

文艺复兴期间，模型就被大量运用了，很多情况下甚至是唯一的表现建筑设计的手法，建筑师往往利用大尺度的模型与业主或赞助者欣赏和讨论，20世纪初，建筑师再一次意识到模型作为表达的重要性，例如安东尼奥·高迪（Antonio Gaudí）利用模型去推敲神圣家族教堂复杂的建筑结构体系。他独创了一种悬链模型，去推敲建筑在重力影响下的状态（图45）。同图纸一样，模型的制作也随着建筑设计阶段的不同而有不同的要求。除了尺度和细节的不同，建筑师制作的模型大致有以下几类：

图45 安东尼奥·高迪的悬链模型

概念模型

顾名思义，概念模型的目的是直观地表达建筑的设计概念，这一阶段的模型经常采用简单的制作材料和颜色，这样可以突出设计的空间，而不是过度地关注于细节。我们有时候称之为“体量模型”（图46）。

设计深化模型

随着设计的深入，需要解决的问题明确下来，通过模型去有目的地评价这些问题。例如在结构教学过程中，我们可能用一种工作模型去做破坏试验，通过图像记录来了解结构的薄弱点，用来改进结构设计。

表现模型

这种模型是设计进入尾声阶段时使用的，主要的目的是将建筑设计概念公布出来，接受更大范围的讨论。这一层面的模型要求与建筑的业主和最终用户能够进行沟通，如果是大剧院等建筑，在夜晚中频繁使用，那么我们是否需要在制作模型的时候考虑灯光效果？

图46 体量模型范例

在考虑外立面材质时，考虑透明、半透明材质的区分？这类模型需要相对准确的尺度感，道路、树木、汽车和人都是最为常用的尺度参照物，有了这类参照物，公众不需要丈量模型就可以粗略地了解建筑的尺度关系（图 47）。

对于初学学生来说，制作模型并不需要非常复杂的设备和工具。低年级的课程基本上都是以手工模型为主，使用的工具有以下几种：

砂纸：用来打磨模型的切割边缘，使其光滑坚挺。

垫板：切割时垫在纸板下方，避免将桌面或图板损坏，有了平整的垫板才能保证模型板材切割整齐。

切割刀或医用手术刀：锋利的刀具才能保证切割得整齐，所以尽量保证刀具锋利。经常替换刀片，但要注意保护自己。我们经常可以看到学生由于注意力不集中而将手指切伤的例子。

金属直尺和比例尺：木质或塑料的尺子容易被切坏，金属的直尺在制作模型的时候非常有用。

双面胶带、模型快干胶（白乳胶、502 胶水均可）：用来黏结模型构建，注意用完以后要将胶水妥善保管，不能随处摆放。

模型的主要材质可以是雪弗板、KT 板、瓦楞纸板木条和薄木板，这类材料价格低但容易切割。板材可以直接切割以后用来做建筑的墙体和楼板，但是要注意板材的厚度和模型的比例。根据模型的大小选择合适的板材厚度，否则模型做出来以后比例失调。木条可以用来做建筑的柱子和梁。

另外一种常用的体量模型做法是使用泡沫塑料切割而成，这种情况下，需要一台泡沫切割机，利用高温的钢丝线来将泡沫切割成型。在制作模型的时候，首先要对建筑方案非常了解，需要对建筑基地、建筑各个面的尺寸以及交接方式十分了解，然后再在材料板上将其按比例准确地画出来，进行切割，而后黏结和连接，最后平稳放置一段时间，等胶水凝固成型，模型就制成了，放置在先前做好的基座上。

初学制作建筑模型最难掌握的不是切割、黏结等具体技能，而是选择表达什么。很多学生认为模型做得越逼真越好，这是错误的。一定要明确你希望通过模型表达什么，如果表达体量、尺度和空间的抽象品质时，我们希望模型也抽象，不要使用过多的材料种类，然而如果模型的材料单一，制作的缺陷很容易被暴露出来。制作准确和严密，才能得到好的效果。如果某种材料的应用是你设计的关键，那你就需要考虑如何把它表现出来。例如，如果你的设计中使用了大量的半透明幕墙，会形成一种光线柔和的空间效果，那么你应该简化模型其他方面而关注幕墙制作，如果你的建筑使用了大面的屋顶绿化，那你可以在屋顶上也赋予草坪材质以示强化。在课程设计当中，为了表达生动逼真而使用了大量材料的模型，效果往往反而减弱了。

目前，很多设计学院都拥有了数字化的模型制作仪器，可以大幅度提高模型制作的速度和完成水平，并且在不久的将来，很可能将影响整个建筑设计行业的面貌。最为常用的数字化模型制作仪器有激光切割机和三维打印机。激光切刻机可以切割 ABS 板材和亚克力板材，需要将建筑分解成各个平面构件，而后用 CAD 系统输入计算机，激光切割机可以根据 CAD 闭合线的轮廓切割板材，而后进行黏结，这样模型可以轻易地精确到毫米。激光切割仍然属于二维的模型制作技术，而三维打印机则是将三维计算机模型直接打印成型。它是一种以数字模型文件为基础，运用粉末状金属或塑料等可黏合材料，通过逐层打印的方式来构造物体的技术。3D 打印通常是采用数字技术材料打印机来实现的，已经在模具制造、工业设计等领域广泛利用。这种技术的特点在于其几乎可以造出任何形状的物品。建筑师扎哈·哈蒂德（Zaha Hadid）和弗兰克·盖里（Frank Gehry）在他们的设计实践中将计算机辅助设计和计算机辅助制造（CAM）结合起来，实现了设计和建造的无缝衔接（图 48）。无论多么复杂的三维曲面，只需要在电脑里经过犀牛等建模软件建成模型，就可以将模型数据提供给工厂，由工厂直接加工建筑材料，准确度极高，大幅度提高了建筑的施工效率。这类技术如果进一步的发展，能降低建设成本，那么很可能在不久的将来，建筑师将不再为施工人员提供基于平面、立面和剖面的图纸了，而只需提供数字化模型即可。

图 47 表现模型范例

图 48 弗兰克・盖里设计的 DG 银行中庭

第五节 语言沟通

我们经常听到业主抱怨与建筑师难以沟通，最常见的是两种沟通失败：一种情况下，建筑师认为自己是专业人员，需要确定自己专业权威，因此大量使用专业术语，沟通成为了单向的说教。这种情况最常听到的建筑师话语有“我希望在这里创造一个……的空间。”更有甚者，在一次竞赛方案汇报时，一位国际上享有盛名的设计大师对业主的提问不予理睬，说：“这是你们的问题，不是我的问题。”实践当中的很多交流问题其实在教学中就已经埋下伏笔。例如在设计汇报时，学生认为老师看图就能明白自己的想法，所以在汇报时轻描淡写，或者想到哪里说到哪里，缺乏逻辑和条理。在和教师平日沟通时，过分迷信教师的权威性，老师说怎么改我就怎么改，这样设计才能得到好的成绩；或者相反，和别人意见不同时就据理力争，直至沟通无法进行下去。对于这些经常出现的问题，我们首先要做的是意识到沟通的重要性，沟通和设计同样重要，是一门需要学习和训练的技能。

首先，培养沟通的意识：了解沟通的对象，他们的知识背景和他们在项目中所扮演的角色，只有了解了这些，你才能知道什么是沟通的重点。其次，了解沟通的目的：每次沟通都有每次的目的和要解决的问题，不可能一次就把所有的问题解决掉，如果讨论的目的是前期方案，那么选址、规模、建筑用途和分区和城市周边的关系就至关重要，而具体材料、施工手段等可以留在以后慢慢解决。了解了沟通的目的之后，才能有效地进行沟通。第三，避免过度专业化：充分利用自己的日常生活体验和常识，以及平常积累的建筑知识，运用成熟案例分析使沟通血肉丰满，有的时候讲故事也是一个有效的方法，不是直接抛出结论，而是循序渐进地将其展开。这种讲故事的方式在设计前期获得项目设计权和形成设计最初概念时非常有效。英国铁路公司曾经举行了一次竞赛，邀请多位设计师来设计一款新型的城市区间列车。最后西摩·鲍威尔获得了设计权，他们并没有用精美准确的专业图纸去打动客户，而是简单地陈述了他们的想法，试图再现“每个孩子的梦想”，成为火车司机。这个陈述引起了很多决策者的共鸣。在设计完成之后，设计师同时又做了很多小尺度的火车模型，当作纪念品，卖给未来的火车司机——孩子们。第四，和沟通对象产生共鸣：你应当设身处地地为对象考虑，每个人的角色不同就会有不同的价值观和评判标准，例如结构工程师关心结构可行性，而建筑的功能和空间体验是第二位的，而预算工程师可能把工程造价和规模放在首位。建筑师必须理解每个人的角色和他们的价值观才能实现有效的决策，注重“如何解决问题”，而不是“谁说了算”。同时，意识到妥协和协商也是很重要的。第五，沟通需要训练，有效的沟通基于自信心，而自信基于充分的准备工作。相信你的设计是合理的，决策是正确的。在沟通中，将你设计的推导过程和所思所想一步步地展现给对方，沟通的成功率会高很多。

[1] 布莱恩·劳森著，范文兵、范文莉译，《设计思维——建筑设计过程解析》，北京：知识产权出版社，中国水利水电出版社，2007。

[2] 吴文俊著，《九章算术与刘徽》，北京：北京师范大学出版社，1982。

[3] Tuan Y-F. Topophilia: a study of environmental perception, attitudes, and values. New York: Columbia University Press; 1974.

[4] 鲁道夫·阿恩海姆著，滕守尧译，《视觉思维：审美直觉心理学》，成都：四川人民出版社，1998。

[5] 鲁道夫·阿恩海姆著，滕守尧译，《视觉思维：审美直觉心理学》，成都：四川人民出版社，1998。

[6] 保罗·拉索著，邱贤丰、刘宇光、郭建青译，《图解思考：建筑表现技法》，北京：中国建筑工业出版社，2002，第9页。

[7] Aldo Ross, The Architecture of the City The MIT Press; 1984.

[8] Le Corbusier. Toward an Architecture. Los Angeles: Getty Research Institute; 2007.

[9] Andersen K. Brook Taylor's Work on Linear Perspective: A Study of Taylor's Role in the History of Perspective Geometry: Springer; 1991.

第四章

解读建筑

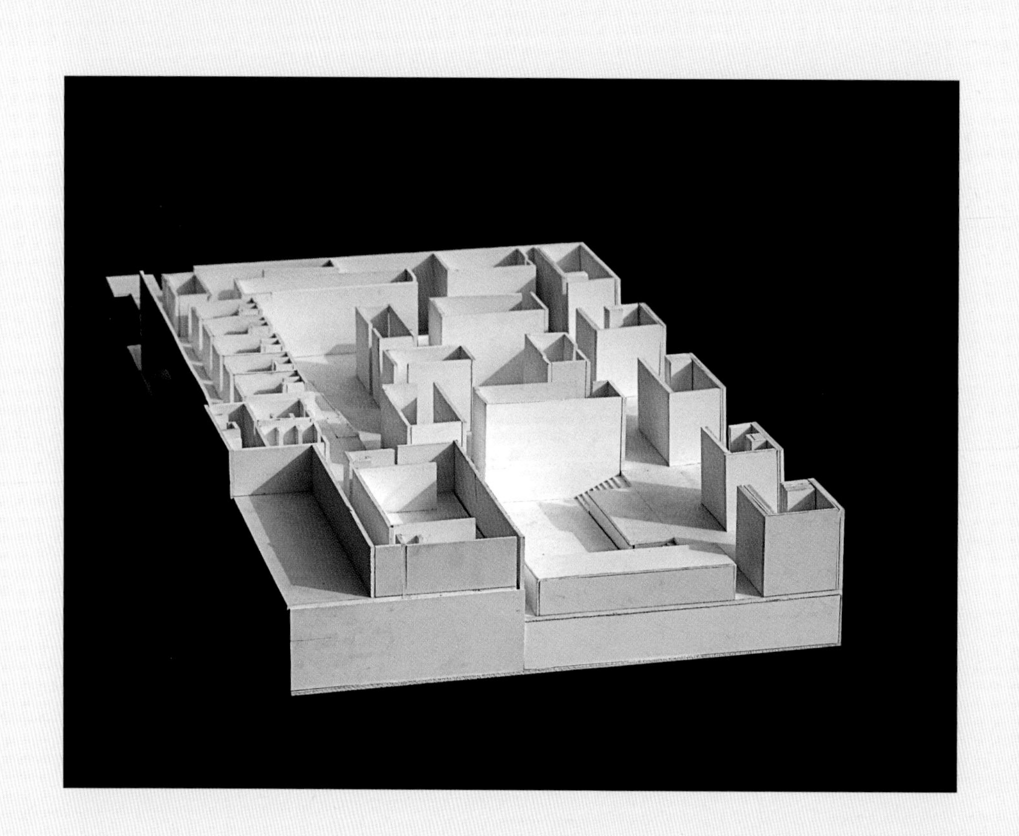

第一节 记忆与设计

日常体验、旅行、思考和阅读都是设计灵感的来源。日常所见所思总是会渗透到所做的设计当中，学习设计不能重专业知识而轻日常体验，很多设计的判断和决策都是基于常识。设计的学习绝不仅限于课堂，我们也必须养成细心观察周边生活的习惯。同时，如何去解读一个建筑，如何去理解和评判设计师的设计理念，这种观察和思考可以说是一种专业化的记忆和体验。这一部分我们以实例的方式探讨如何从专业的角度去解读一个建筑。

一般说来，我们学习中常用到的记忆模式有两类：逻辑式和场景式。逻辑式的记忆容易理解，我们经常要将所学的知识进行系统性的整理和记忆。大脑如同一个文件柜，我们分门别类地把信息放入不同的文件夹来进行整理和归类。当需要使用的时候，我们根据其逻辑关系可以很快地进行准确提取。例如在准备历史知识考试的时候，我们需要准确地记住历史事件发生的时间、地点和人物等内容。此类记忆的形成相对来说需要练习和重复，并且需要一定时间，信息本身可能是较为枯燥，单独记忆很难，必须放置在一个逻辑框架中，强调结构和相互关系，例如我们可以把不同国家发生在同一时间段的历史事件联系起来记，这样效果会好些。这种记忆模式更多地用在知识的积累当中。场景式的记忆可能是发散式的，缺乏逻辑，生动但未必准确，更多的是关于主观感受。例如两个朋友一起聊天，谈论多年前的一次旅行，谈话可能立即唤起身临其境般的感受，但是对于某些细节两人的记忆未必相同。与逻辑式记忆的文件柜模式不同，这种记忆更类似于杂乱的生活空间，缺乏结构但随手可得。它们是自发的，不需要去强制记忆，是即兴的，目的性不强，鲜活生动。故事、背景和气氛都一起相互作用形成场景。逻辑性的记忆如果长时间不提取，可能就会忘记，而体验式的记忆虽时隔多年却仍然历历在目。

我们在解读建筑的过程中，两种记忆都需要。如果要系统地了解一个建筑，我们需要搜集一些背景资料，建筑图纸、照片、相关论述和研究，通过这些原材料，分门别类地进行分析，例如空间的尺度、空间结构、流线组织和材料运用，为以后的设计搜集素材。这时候，我们需要逻辑性的记忆，需要逻辑性强和细节准确的工程档案。如果要真正地理解某个建筑为什么打动人，就需要场景式记忆了。一次笔者参观一个由老建筑改建的艺术馆，名字已经忘却了，整个建筑由于是由几座建筑组成，经过长时间的加建和改造，空间变得非常复杂，空间之间的界限也很模糊，然而正是这种模糊打动了我，馆内艺术品的摆放、光线的效果，甚至院子里树叶沙沙的声音形成了一种令人难忘的场景，若干年后，我想利用这个建筑作为一个案例，但却怎么都想不起空间的具体格局和流线，面对眼前的白纸，却无法画出建筑的平面和剖面，但这座建筑中充满叙事性的空间氛围仍然让我记忆犹新（图 1—3）。

图 1 某美术馆室内空间

图 2 某美术馆室内空间

图 3 某美术馆室内空间

第二节 先例与设计

先例研究在很多专业中都是有历史传统的教学和实践方法，例如：法学、商学和医药学。先例首先可以展现前辈们如何运用和整合专业内的知识，没有先例很多知识都停留在死记硬背的层面上，有了先例，知识就从抽象转为具体，从空洞转为鲜活。同时，先例还可以作为影响决策的依据。例如在法学中，在相关法律条文解读有异议时，先例可以作为判决的依据。设计学利用先例的方法和法学不同，先例不是利用封闭的类比，而是一个更开放的系统，在教学中，先例往往是一个创新思维的出发点和孵化器。

欧洲中世纪对建筑的学习很大程度上依赖先例，建筑学生需要带着画本在欧洲考察古典建筑。这个传统一直延续到 19 世纪的英国，考察的建筑主要是古罗马和古希腊的经典建筑，集中在意大利和希腊。学徒结束后，学生获得“行者”（Journeyman）的称号，意味着他们完成了旅行和古典建筑先例的学习，并且熟练掌握了相关的建筑形态知识，其中最主要的是建筑平面组合方式和立面规则，例如经典的柱式和拱券的比例及组合方式。当时历史建筑的学习使这些青年建筑师有别于传统工匠。在日后的设计实践中，他们也很少有机会去创造一个全新的建筑类型，而更多的是根据每个项目的具体要求去组合传统建筑的片段。这种先例的学习主要是形态上的，是传统建筑语汇的继承和改良。

先例解读可以为设计学习提供直接的参考工具，也可以作为进一步推动建筑学发展的动力。迪朗（J.N.L.Durand）则利用先例的系统化研究去寻求一种建筑设计中的“普遍原理”。迪朗认为建筑设计教育不应该只建立在对某种风格的探究和应用上，而是应该建立在一种普遍原理之上，这种普遍原理超越了风格的限制。在 18 世纪，各个学科都流行着一种对资料的分类研究，例如瑞典博物学家林奈（Carl von Linné）的《植物分类学》。迪朗则是从建筑先例的现状出发进行分类研究：首先是通过资料汇编例证，其中收集和划分了古代以来的建筑类型，接着通过古典建筑的分析则揭示了它们的普遍特征。将历史上的建筑按照式样和类型分了类，试图摒弃那些没有意义的关于装饰的视觉信息而只提供一些根本的尺度（图 4、5）。通过这种将建筑风格和技术的客观化，迪朗实际上建立了一种两分法，技术的功能性建构和艺术化的建筑形式，必要的结构和附属的装饰。虽然，这种两分法在今天来看有它的问题，但是在当时的时代背景中，对反对建筑上无病呻吟的装饰起到了很大的推进作用。

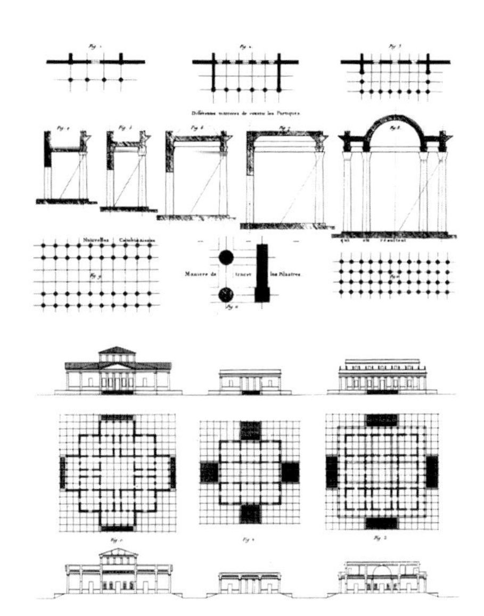
图 4 迪朗对于古典建筑类型的研究

即使是柯布西耶这样革新性的建筑师也需要从建筑先例中汲取营养。在柯布西耶留下来的草图当中，对于雅典卫城的描绘简洁有力，给人印象非常深刻。雅典卫城建筑和基地的关系、流线的组织被后

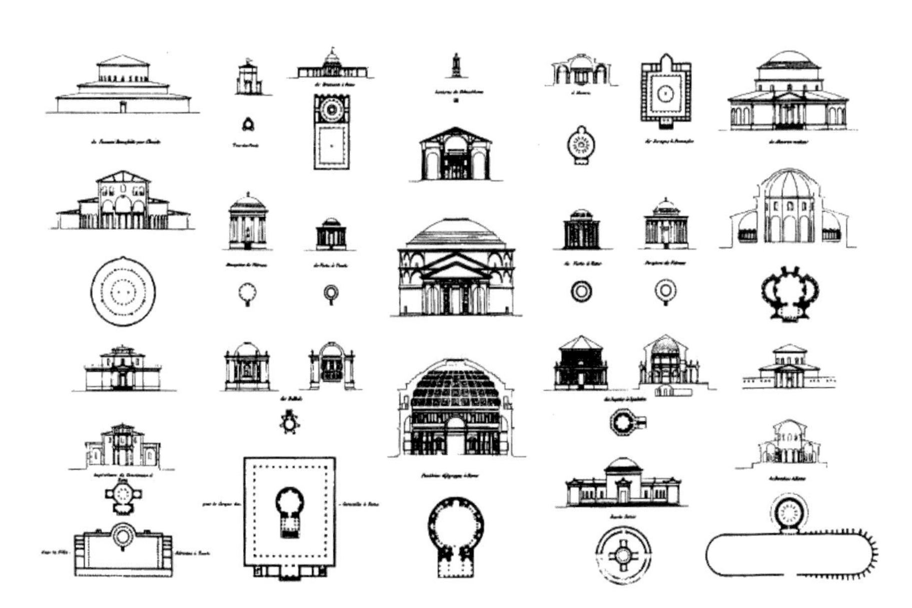
图 5 迪朗对于古典建筑类型的研究

世评论家认为在某种程度上影响了柯布西耶的创作，例如萨伏伊别墅。柯布西耶认为，场地是建筑构成的基础，建筑要表达它自然的场所，像帕提农神殿、雅典卫城、比雷埃夫斯（希腊东南部）港口及岛屿，在相互的衬托中显现出各自庄严、和谐的与地形连绵的延伸，“这一切都充满了潜在的诗意”，作为建筑构成的元素，场地赋予知觉，理智赋予灵魂。和迪朗的运用逻辑性记忆模式分析古典建筑不同，柯布西耶对于卫城的解读更多的是场景式记忆（图 6—8）。

图 6 柯布西耶的卫城印象

第三节 先例解读：瓦尔斯温泉浴场

在建筑师实践过程当中，先例解读的对象是开放的，新建筑或老建筑、大建筑或小建筑、知名建筑或是街边不起眼的无名建筑都可以作为分析的对象，只要它具有某种打动人心的品质。在教学过程中，解读的对象是要有选择的，这些先例要能够涵盖所要掌握的知识点，并且有一定的引导性。我们选择最多的解读对象往往是现代主义代表人物的作品，并且规模不大。这些作品或者是在对话环境的方式上，或者是在结构形式的创新上，或者是在空间体验的模式上，或者是在材料运用上，都有比较明确的应对措施。我们选择代表建筑师的作品，一方面是因为知名建筑师的作品资料容易获得，书籍、期刊或网上资源较多，另外这些建筑师的设计理念和设计手法相对明确，通过他们自身的叙述和其他学者的引介可以较为清晰地了解设计思路形成的脉络。解读的建筑规模也不宜过大，过于复杂的建筑所受到的制约和影响因素比较多，而小型建筑往往条理更为清晰可读。

图 7 柯布西耶的卫城印象

在这一部分，我们以彼得·卒姆托（Peter Zumthor）所设计的瑞士瓦尔斯温泉浴场为例来解析先例解读的方法和程序。我们可以把解读过程分为三个阶段：第一个阶段为资料搜集阶段，在这一阶段我们尽可能多地搜集建筑的背景资料，场地状况，建筑师的论述，设计过程中用到的图纸、照片、草图和模型等。同时，评论家对于建筑师和其作品的相关论述也非常有帮助。第二个阶段我们称情景还原，通过设计师的叙述、草图和模型，力图还原设计过程，将自己假想为设计师，站在他的历史时期、生活环境和成长背景来发现问题和解决问题，理解他是怎样创造性地解决问题。在最后一

图 8 柯布西耶的卫城印象

个阶段，经过分析后，对这座建筑最为主要的特征进行总结，我们从这个设计当中学到了什么？我们如何还能提出其他的解决问题的方案？

瑞士建筑师卒姆托所设计的瓦尔斯温泉是我们经常选用的先例之一。在瓦尔斯的盆地山谷东侧以外，海拔 1200 米的瓦尔斯村有一处温泉，温泉旁的场地从 1893 年起曾是一个温泉旅馆。据当地史学家说，这旅馆有许多装备细致的沐浴间和淋浴房，但从大概 1930 年开始，客流量逐年缩减。这个旅馆在 1960 年左右被现在的温泉浴场取代。原有的旅馆及浴场设施已经不能满足需求，于是从 1986 年开始，当地人委托建筑师彼得·卒姆托开始设计温泉浴场的新设施，试图通过新的温泉设施吸引游客，形成村庄的新的标志。基地位于瓦尔斯河谷，坡度较大。基地的背景是绵延的山脉和树林，后方不远处是现存的旅馆建筑，为五层建筑。新的浴场设施需要和旅馆建筑连通，以方便旅馆住客使用温泉（图 9）。

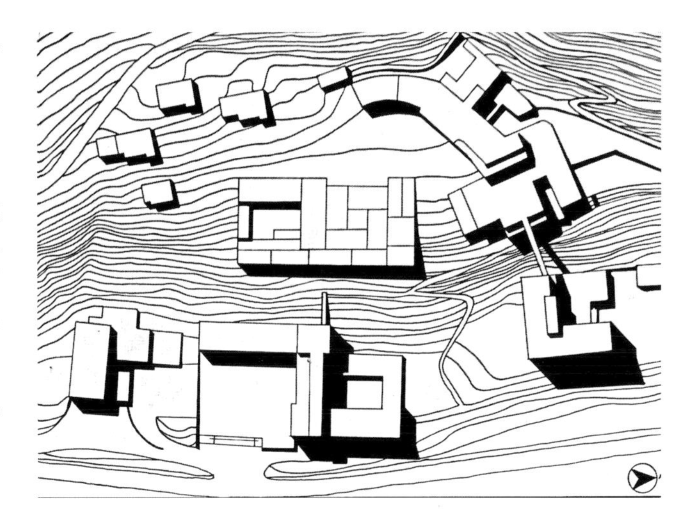
图 9 瓦尔斯浴场总平面

建筑师彼得·卒姆托出生于瑞士巴塞尔（Basel），他的父亲是一位专门制作家具的木匠，卒姆托曾以学徒的身份学习木工相关技术，因此，他的很多作品都体现出了他对材料和建造技术的关心和敏感度。1963 年，卒姆托进入巴塞尔艺术工艺学校学习设计，其后前往美国纽约的普瑞特学院（Pratt Institute）学习。他的作品尺度都不大，但是他的每一幅作品都反映出人对于建筑物基本元素、位置、材料、空间和光线的感觉。2009 年，卒姆托获得了普利兹克奖，之后他总结说："我认为，建筑语言的结构问题不在于具体的风格。每个建筑均是在特定的社会条件下因特殊的用途而建立，我的建筑试图回答这一从简单事实中涌现出来的问题，并且通过尽可能精确的方式表达出来。"[1]

对于这个项目，卒姆托陈述道："浴场仿佛是已经存在了很久的一座建筑，它和地形与地理相关，应对瓦尔斯山谷的石材，被挤压的、断层的、折叠的、破碎成无数片的。"[2] 卒姆托还提到，设计的基本概念是对于洗浴和身体的理解，温泉从瓦尔斯生长出来，他希望建筑也是这样。从空间上来说，卒姆托现将整个建筑如同大石块一样地压入地面，然后开始在里面"挖洞穴"。他提到："石桌、封闭的山洞和石桌之间巨大的空洞，对天空开敞的全景——这些是浴场的三个母题。"[3] 洗浴是一种感性和精神的仪式，净化身心（图 10—13）。

整个建筑的结构支撑由 15 个"石块"组成，形态各异，这些石块既是空间单元也是屋顶的结构支撑。卒姆托在建筑的屋顶和天花板上，有意地将石材之间的缝隙转化成一个个光槽，在幽暗的浴室空间内，连续的天光倾泻进来，对比强烈（图 14—17）。同时地面的石材缝隙被转化成了水流的渠道，光影与水的倒影在空间中激荡。建筑材料上，建筑师选用了近四万片当地的片麻岩为墙面主要

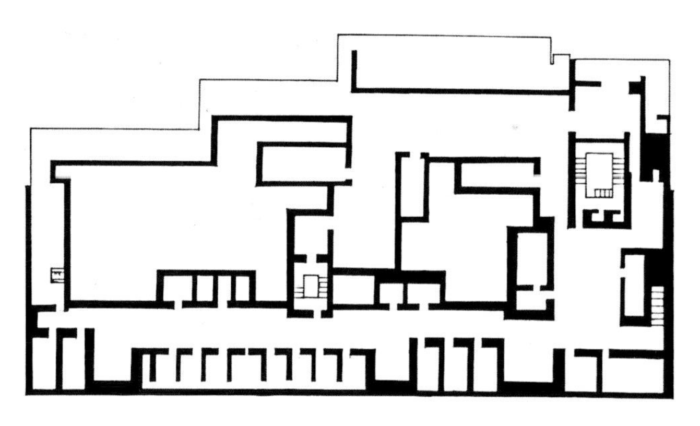

图 10 瓦尔斯浴场地下层平面

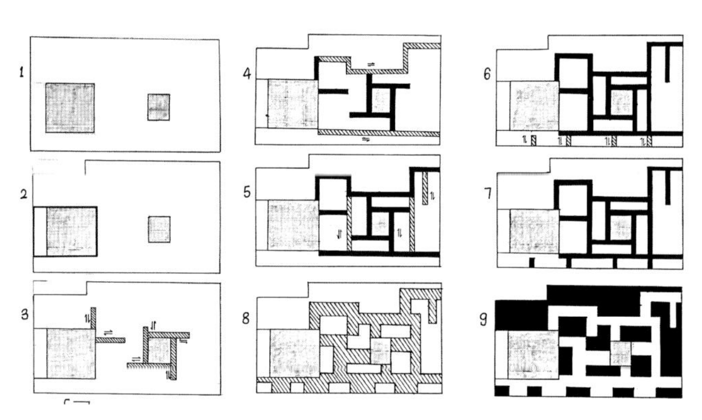

图 13 瓦尔斯浴场空间构成

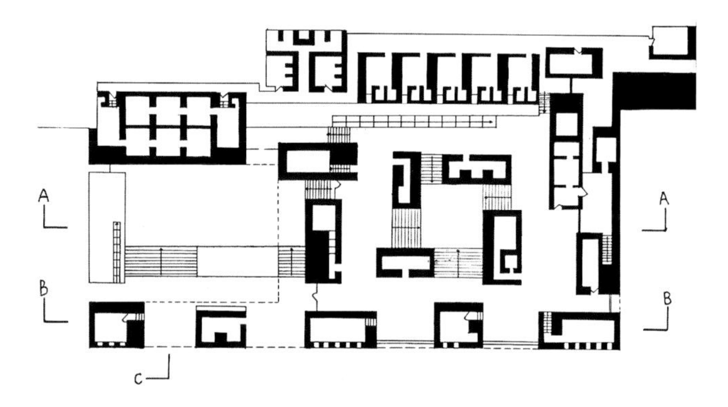

图 11 瓦尔斯浴场一层平面

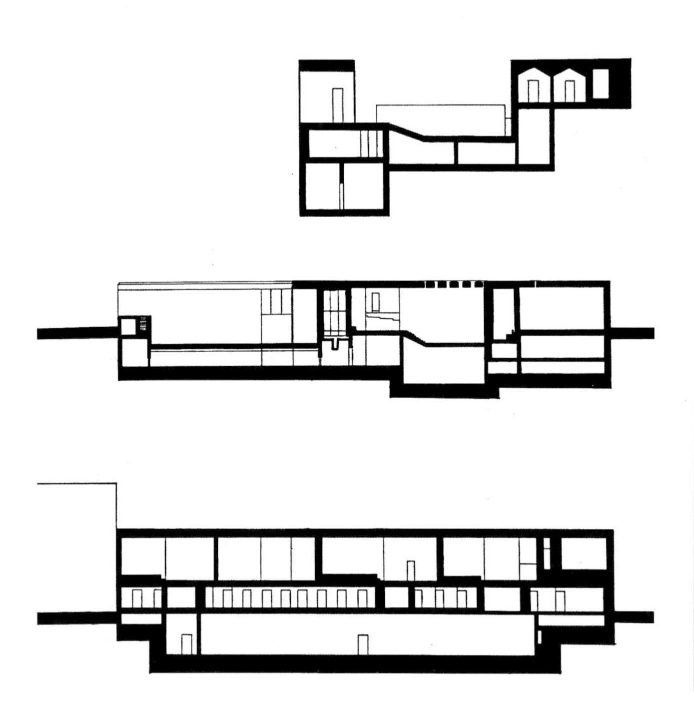

图 12 瓦尔斯浴场剖面

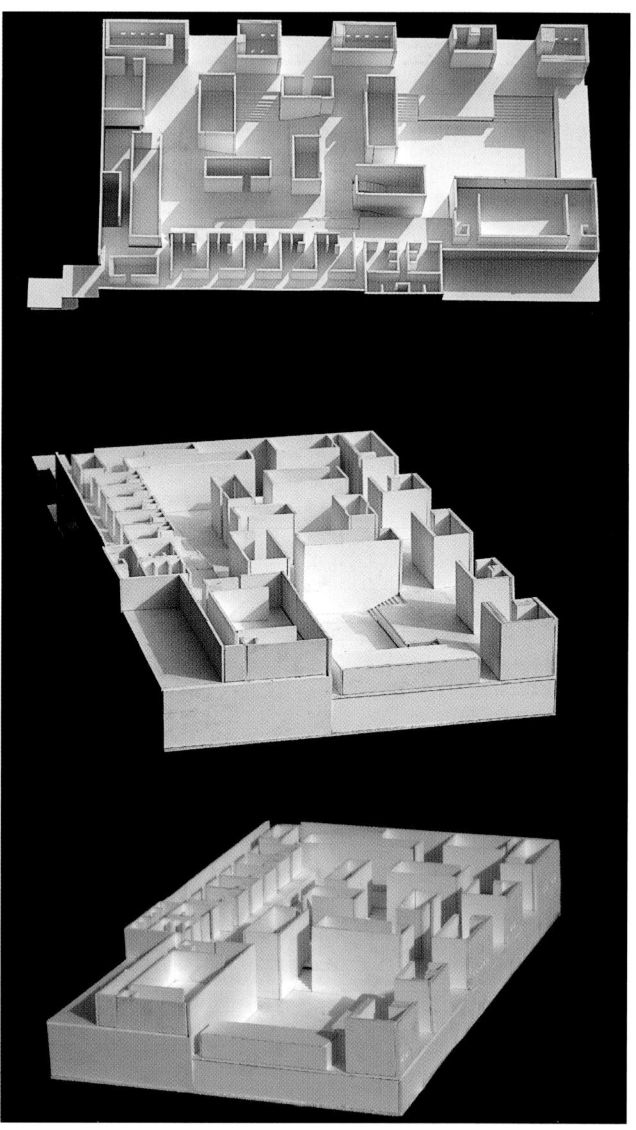

图 14 瓦尔斯浴场的分析模型

图 16 卒姆托的设计草图

图 15 瓦尔斯浴场的光影分析模型

图 17 卒姆托的工作模型

图 18 瓦尔斯浴场实景

材料，片麻岩顺着片层方向被切成十种不同尺寸的板材，然后镶嵌在混凝土表面，形成了丰富的建筑肌理，同时也体现了一个巨石一般匀质的体块。石头的坚硬和水的温润在这个空间里创造了神秘的气氛，光影和雾气形成不同的反射，加上水流撞击发生的声响，为空间使用者提供了极其丰富的感官体验（图 18）。

那么我们能够从这座建筑中学到什么？卒姆托通过这个建筑能够教会我们什么？首先，如何处理建筑和景观的关系？建筑的纪念性并不一定要通过高大来体现，建筑可以嵌入景观，从景观中生长出来，同样具有地标性和纪念性。其次，建筑可以提供丰富的体验，视觉、听觉、温度和湿度等等都是非常重要的因素。再次，通过建筑的空间特点，建筑师可以主动地进行结构上的革新，这座建筑的体块支撑屋顶的方式使连续的屋顶光槽成为可能，这也是建筑空间最有表现力的一部分。能够从以上三个方面让人进行思考的建筑一定是一个经典的建筑

[1] *贺玮玲、黄印武著，瑞士瓦尔斯温泉浴场，《时代建筑》，2008，第六期，第42页。*

[2] *贺玮玲、黄印武著，瑞士瓦尔斯温泉浴场，《时代建筑》，2008，第六期，第42页。*

[3] *贺玮玲、黄印武著，瑞士瓦尔斯温泉浴场，《时代建筑》，2008，第六期，第42页。*

↗ 第五章

↗ 建筑材料

第一节 材料的建筑学问题

图 1 柯布西耶

建筑物经常被比喻成人的身体：结构体系如同身体的骨骼，支撑着身体，抵抗重力和外部作用力，保证建筑的稳定性和坚固性；结构之外的材料则如同包裹骨骼的皮肤、肌肉和组织，围合了身体内部的空腔，承载各种器官，并且也定义了人体的外观，材料决定了建筑的外观以及内部空间的氛围和特质，建筑设备就如同身体内的器官和循环系统，使建筑物正常运转和新陈代谢，保持了适合的温度、湿度和光照。三者相互协调合作形成一个健康的建成环境。

建筑师不但要对建筑空间进行抽象思考，更需要关注建筑是怎样建造起来的，而对于材料的认识是这一切的基础。为了理解怎样有效地使用建筑材料，设计师需要了解材料自身的特性以及在历史上这些材料是怎样利用的，同时还要思考材料的潜力和新可能性，这能够为设计师提供新的思路和推动力。材料的发展不仅仅提供更加合理的解决方案，还能够激发新的建筑空间和形态的可能性。我们称这几方面的内容为材料的建筑学问题，也是在初学建筑设计时，学生容易感到困惑的问题。

图 2 柯布西耶设计的豪斯公寓

一、材料和建筑体验

材料塑造了空间的氛围和肌理，无论建筑师的设计理念多么抽象，最后使用者体验的终究是包裹空间的材料面层。我们通过观看和触摸来感受建筑，建筑材料的沉重和轻盈、温暖和冷峻、透明和半透明、光滑和粗糙定义了建筑空间。光影、质感和气息都融入了我们的感官，开始建筑的体验之旅。

画家运用手中的画笔和颜料作画，雕塑家运用黏土、石材或金属进行创作，文学家则利用语言文字组成诗篇。对于建筑师来说，建筑材料是创作的媒介，是设计概念的物质载体。有些建筑师偏好使用某种材料，经过实践总结了一套个人化的材料语言，这些材料往往成为了他们设计的标签和名片。例如，一提到混凝土，我们就联想起柯布西耶和安藤忠雄。柯布西耶视建筑为居住的机器，他的设计中大量使用混凝土，形成了一种粗犷的建筑气质（图 1—3）。安藤忠雄也是使用混凝土的大师，被称为“混凝土诗人”，他使用的

图 3 柯布西耶设计的昌迪加尔法院

混凝土是直接浇筑而成，由于使用高质量的模板，混凝土形成平整和精细的表面。这种材料结合光影形成了一种奇妙的氛围，富有禅意而又现代，冰冷的混凝土和人温暖的身体在空间场景中形成了一种对比和共处关系（图 4—6）。英国建筑师诺曼·福斯特（Sir Norman Foster）的大量作品以钢与玻璃为主要材料，继承了密斯·凡·德·罗（Ludwing Mies Van der Rohe）的基因，创造了开敞通透的空间，以及极富科技感的建筑外观（图 7、8）。马里奥·博塔（Mario Botta）则通过对于砖这种传统材料的探究和实验形成了自己的建筑亲切、庄重和严谨的风格（图 9、10）。

图 4 安藤忠雄，光之教堂

图 5 安藤忠雄，小筱邸住宅

图 6 安藤忠雄，小筱邸住宅

图 7 诺曼·福斯特，大英博物馆中庭

图 8 诺曼·福斯特，柏林国会大厦

图 9 马里奥·博塔，圣维塔莱河独家住宅

图 10 马里奥·博塔，比陀·奥德黎教堂

材料自身的属性，温度、肌理和色彩都给人以十分直观的感受。建筑材料还能够激发一种体验者的共鸣，例如石材经常和永久性及沉重感联系起来，而木材让人觉得温暖和亲切。材料的美学属性和物理属性在设计时同样重要。瑞士建筑师卒姆托说过："当你中意于某种材料时，你会抱着一份赤诚之心去接近它，善待它，呵护它。"[1] 建筑不是抽象之物，而是一种真实，材料是这种真实最直接的表达。卒姆托的设计也体现出了材料的运用可以揭示出建筑的"诗意"。他为 2000 年世博会瑞士馆所做的设计取义"音体"，空间由木构件围合，空间中充斥了木材的气味，空气、光和雨水透过木材沁入空间，内部空间有瑞士音乐家进行原声演奏，声音在空间内游走贯通（图 11）。当外部气温高时，木材吸取热量，建筑内部则清爽如林；外部温度低时，木材开始逐渐释放热量，温润舒适。在这个木材所营造的空间内，视觉、听觉、触觉、嗅觉都被激发起来。卒姆托采用了当地的三万根松木木材堆叠而成，他拒绝使用可能会损坏木材本身的工艺，只是借助杠杆和弹簧完成相互的连接，经过一段时间的干燥，这些木材还会被拆除并且重新使用。材料本身的新陈代谢和加工利用成就了这座建筑的生命力，而人和这一进程的相互交融是建筑师提炼而出的瑞士文化宣言。

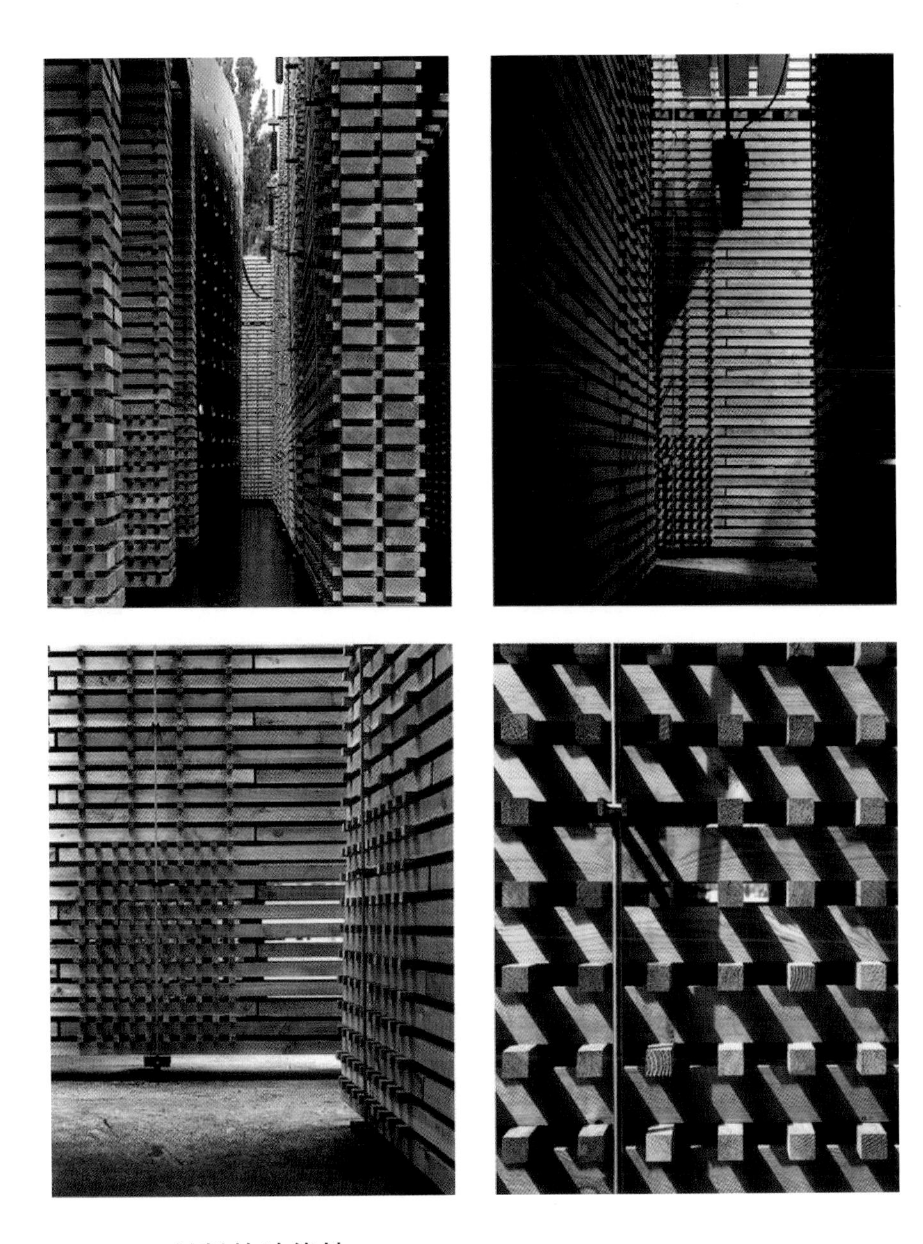

图 11 卒姆托，德国汉诺威世博会瑞士馆

二、材料的地缘性

传统的建筑材料往往直接或间接地源于大自然，加工和建造工艺也不复杂。例如传统的夯土建筑是直接使用土壤，添加黏合剂以后注入模板夯制而成（图 12）。这种建造技术进一步发展就是砖的应用，黏土放入模子，经过日晒和阴干而成为砖块（图 13），便于运输和使用，但这种砖块的坚固性不够，尤其是经过雨水浸泡以后，解决方式就是将砖块进行烧制，这就接近我们现在所使用的砖了。石材也是自然材料，由采石场将岩石直接切割平整而成，不同地方生产的石材有着不同的肌理、光泽和坚硬度。木材从森林中砍伐下来以后，先进行简单切割，然后运输到加工厂进行阴干，去掉木材大部分的水分，而后再加工成建筑所需的板材和块材，运往工地。这些材料生长于自然，使用过后也可以回归自然。我们所见到的很多传统建筑都是用这些传统建筑材料制成的，这类材料使建筑和自然融为一体，就地取材，减少材料的运输，并且建造工艺相对简单，很多当地的工匠能够熟练地掌握和运用。这类材料使建筑如

同从大地中生长出来一样，和土地有着不可割裂的联系，这种联系我们称之为“地缘”。

另外一些我们在日常设计中经常用到的材料是人工制造的，例如混凝土，由水泥砂浆和骨料加水搅拌而成，原材料在世界各地的工厂中用相似的工艺生产出来，运往各地，在现场进行搅拌和浇筑。钢和玻璃也是同样，在生产地完成生产后，再到加工厂进行加工，在施工现场进行装配。这些材料的地缘性弱，但运用广泛，这就使这种材料具有一种普适性和匿名性。它们在建筑上无论表现得多么精彩，也很少有人关心这些材料是哪里生产的。这一类材料在现代建筑中大量使用，有着不可忽视的优点。它们可以根据需要进行性能的提高，例如提高材料强度，可以使建筑盖得更高更大，适应了大规模发展的需求。地缘性强的材料则可以被用来强调建筑的地方特色。苏珊·朗格（Susanne K.Langer）在《情感与形式》中曾经说过："建筑是种族领域的幻想。"[2] 建筑师赖特（Frank Floyd Wright）十分强调建筑和基地的关系，只要基地的自然条件有特征，建筑就应像在它的基地自然生长出来的那样，与周边环境相协调，建筑如同一棵树木一样，是地面上的一个要素，生长出来，迎着太阳。这两种材料都是建造中不可或缺的，每种材料都有它的“潜台词”，设计师应当通过实践和体验把握材料细腻的美学倾向。

图 12 夯土墙施工过程

图 13 土坯砖墙

三、材料的本真

经常有学生来问："什么叫做材料的真实性？"这一问题看似简单，但要回答却需要仔细思考。材料的真实性是否就是尊重材料自身的属性，并在设计中加以运用，而不是对其进行掩盖和粉饰？真实性是否就是石材建筑就要像石材建筑，而不应该去模仿木构建筑？那么当今建筑实践中大量使用混凝土砌块配合石材贴面，这样的做法是否是“不诚实”或者“欺骗”？这个看似简单的问题实际上已经涉及价值观核心问题了。

在建筑历史当中，材料之间的模仿有很多先例。其中一类是表象模仿，例如很多建筑内部是由钢结构和混凝土砌块砌造而成，而外部是使用砖或石材贴面，给人一种石构建筑庄重的感觉。除此以外，还有材料工艺和做法的模仿，古典希腊柱式被建筑师们奉为石作建筑的经典，柱式的顶部有一个叫三陇板的构件。维特鲁威认为这个构件是典型的以石材来模仿木构建筑的做法（图 14），他写道："古代的建筑师们在某些地方的建筑中安放了由内墙到外部挑出的梁，填砌了梁距，并在其上用木造装饰了挑檐和人字顶，再沿着垂直的墙截掉梁的出挑部分，但是截断的梁头看上去不美观，便把三陇板形状的平板安装在梁头上，并且施以颜色，而石作柱式中的三陇板依然保留了这种做法。"[3] 上海世博会中国馆也是这一类模仿的案例，大红的构件和相互层叠关系让人联想到中国木构建筑的斗拱，然而这个巨大的斗拱是完全由钢结构建筑而成的。这些先例是一种艺术式的欺骗，还是一种创造力的体现？这是虚荣心作祟还是对于建筑经济合理性的追求？在实践当中，建筑师可能很少会思考这类学究气的问题，然而在教学过程中，很多学生因此而感到困惑。

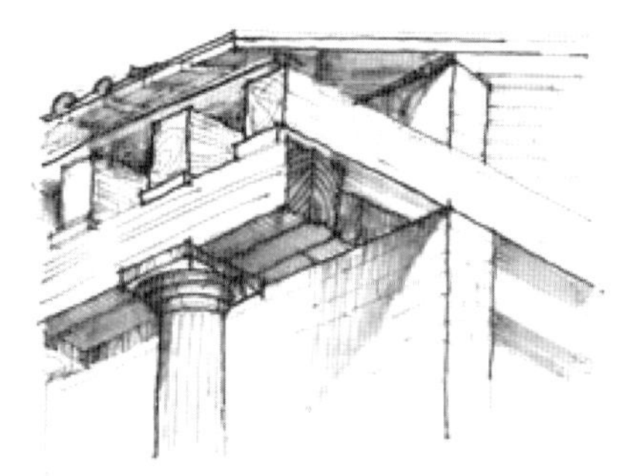

图 14 希腊建筑从木构转变成石构的三陇板特征

首先，材料的真实性蕴藏于材料自身属性中。建筑的各种构件是有各自的功能和目的，例如承重和围护构件的作用是承受建筑的荷载和外部作用力，设计的时候则要使用坚固的材料，例如混凝土或砖；而建筑面层要防雨水和风化，则需要坚固耐磨的材质，并且一旦损坏需要易于替换，那么一些石材、金属板因为其质地而被广泛运用在商业建筑当中。建筑构件功能不断细化，设计师也需要将适合的材料用在适合的地方。在欧洲传统石作建筑中，不同的石材被用在了建筑不同的部位，例如主墙体是利用价格比较便宜的石材制成，而建筑转角和开洞处则使用比较大块的更加坚硬的石材制成，这样可以进行雕刻或再加工，便于安装门窗。长久以来，这种对于材料的选择和拼接形成了石构建筑的外立面特征（图 15）。

另外，材料的真实性也蕴藏在材料的加工工艺中。来自大自然的建筑材料大多是经过人工采集和加工而转化成建筑材料，这种采集和加工的痕迹成为了材料的属性之一，例如木材和石材的表面肌理。材料和加工方式的结合成就了一些建筑上经典的做法，例如中国传统木构建筑里的斗拱体系就是其中之一。木构建筑由于遮风挡雨和美观的需要，往往屋顶有挑檐。唐代佛光寺大殿的挑檐甚至达到三米多（图 16）。要形成这样的悬挑，理论上就需要断面非常大的木材做梁才能实现，但是截面大的木材较为难得，如何能用截面较小的木材达到同样的效果呢？古代工匠使用了一种利用层叠出挑

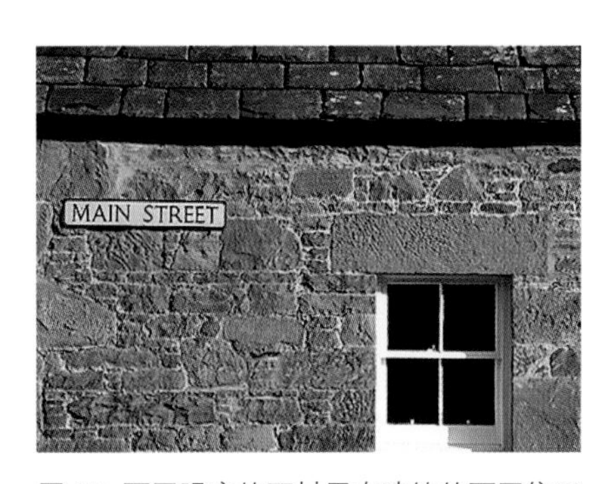

图 15 不同强度的石材用在建筑的不同位置

的方式完成较大尺度出挑的系统：斗拱，这种斗拱体系可以称作是中国古代木构建筑最有表现力的细节做法（图 17）。砖的运输和砌筑行为决定了砖块的尺寸，大小要适合手的抓握，而且砌砖时砖缝的咬接方式，不但增强墙体的整体性和坚固性，同时成为了砖石建筑最有表现力的特点。

最后，材料的真实也蕴藏在设计意图当中。建筑理论家普金（A. W. N. Pugin）反对希腊建筑，不仅由于他认为希腊建筑是异教迷信的一种表现方式，同时也因为它将木结构建筑令人不可接受地转化成了石构建筑，这是对于材料性质的一种忽略。[4] 我们可以在钢结构外部施以石材贴面，增强建筑的永恒感，也可以反过来将钢结构和面层脱离，削弱了建筑的实体感，钢柱会给建筑空间一种轻盈和流动的效果，如同密斯·凡·德·罗的巴塞罗那世博会德国馆（图 18）。砖墙的厚度是和砖块的尺寸相关的，而日本建筑师妹岛曾经强烈要求建筑承建商减少砌块墙的厚度，以便达成一种类似纸建筑一样的轻薄的视觉效果。材料是用来表达设计理念的工具，如果基于其自身的属性和加工特点，并且清晰地表达出设计意图，那么它就是真实的。

图 16 山西五台佛光寺大殿

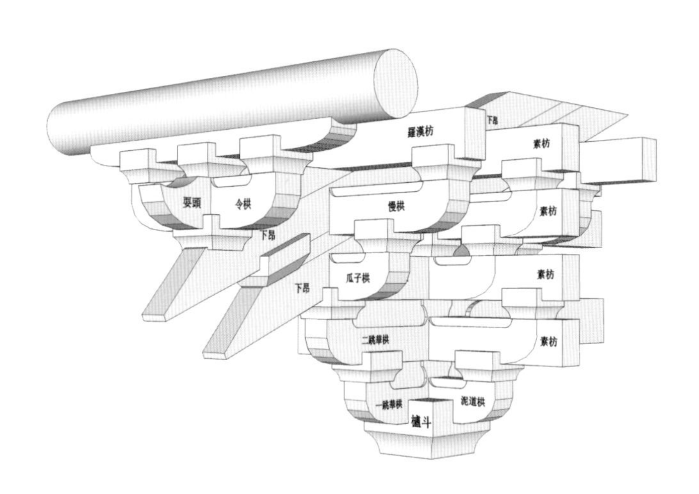

图 17 佛光寺大殿的斗拱体系

图 18 密斯·凡·德·罗，巴塞罗那世博会德国馆

第二节 砖与石材

砖是历史悠久的建筑材料，古代罗马出现了火烧砖，这种砖比起传统黏土砖更加耐久。古罗马人用砖来做建筑结构和引水渠。从工艺角度来说，他们已经有了相对成熟的拱券工艺，可以完成巨大跨度的拱引水渠飞跨过山谷，极为壮观，直到现今，这些巨大结构仍然矗立（图 19）。在维特鲁威的《建筑十书》中，他罗列了多种砖墙的砌筑方法，既有全部用砖砌的单层墙做法，也有用乱石或混凝土填心的三明治结构砌筑方法，从中可见当时墙体砌筑的方式已经和今天相差无几了。到了 15 至 17 世纪，欧洲开始在砖墙面上使用粉刷。18 世纪工业大革命期间，砖实现了大规模生产，成为普遍运用的材料。砖能够对抗冷湿天气，也是热容量比较大的一种材料，白天气温较高时能够吸收热量，而到了夜晚气温下降时可以缓慢散热。

石材同样是适用性很广的建筑材料，坚固耐磨损，并且有天然形成的各种质感。石材由采石场采集，经过切割可以形成不同的形状、片状或块状。希腊的雅典卫城中建筑是由石块整体砌筑而成的，现代建筑中经常使用石材贴面包裹建筑结构，减少结构自身重量和建筑造价。石材的热容量很大，能够有效地阻隔热能流失。由于石材的持久性，在古代经常被用来建造纪念碑或纪念建筑，因此被赋予了某种文化含义：一种跨越年代的不朽品质。在英国，牛津和剑桥校园里的建筑往往使用石材立面，而工业大革命期间建造的学校往往使用红砖贴面，称之为红砖大学。建筑材料被赋予了一种不同的文化属性和历史气质。

砖和石材都是适用性非常广泛的材料，可以用在地面、墙甚至屋顶。石材由于产地和品种的不同，呈现出各种不同的纹理和颜色。砖的颜色取决于加工时添加的其他成分，例如偏黄色的砖含有更多石灰成分，偏红色的砖含有更多的铁元素。砖和石材的砌筑方式各种各样，并不仅仅是为了美观，更多的是增强墙的强度。由于石材自重较大，价格较高，后来逐渐演化成一种面材。

拉斐尔·莫内欧（Rafael Moneo）是一位对于材料极为重视的建筑师，他信奉如果建筑选用的材料

图 19 古罗马的砖石结构引水渠

不容易被人理解，那么这个建筑就不应该存在，材料是建筑永久的生命。莫内欧曾写道："现代世界在建筑师身上施加了一个包括经济和文化在内的巨大压力，要求他们提出抽象的解答，并且同时一个建造计划总是必然地会受到一种意识形态要求的控制。但是，一个建筑不可能只是一个概念的纯粹表达，它必须经历一个物质化的过程。"[5] 莫内欧设计的木尔西亚市政厅是他这段论述最好的实证。市政厅加建的立面完全是现代风格的，但是通过石材的选择和比例对位关系，使这座新建筑和城市历史形成了一种对话的关系。这座建筑不沉迷于历史和传统的模仿，但是却显示出一种尊重与历史的联系（图 20）。建筑师王澍则是利用回收的旧砖瓦材料来连接了中国的营造传统和自然观。宁波博物馆建立在一片新城之内，现在的城市格局完全看不到原来的村落曾经存在的痕迹，旧砖瓦使新建的建筑有一种与生俱来的生命延续性。建筑如同生命体，会呼吸会老去。整座建筑的外墙上使用了上百万件旧砖瓦，和清水混凝土拼贴而成，其效果如同一幅水墨山水画（图 21、22）。

图 20 莫内欧，木尔西亚市政厅

图 21 宁波博物馆利用回收砖瓦建造的外墙

第三节 混凝土

混凝土也是古罗马人对建筑史上的重大贡献，由火山灰、石灰和海水混合而成。这种灰浆加入其他辅料后，灌入木质磨具中，冷却成型。这些原料在一起发生了化学反应，整个混合物冷却以后牢固地凝结在一起，强度极高。古罗马人利用混凝土建造了很多公共建筑，例如剧场和斗兽场等。万神庙穹顶为混凝土浇灌而成，直径 43 米的纪录直到 20 世纪初还未被打破。为了减轻穹顶重量，混凝土结构层越往上越薄，下部厚 5.9 米，上部厚 1.5 米（图 23、24）。至今，混凝土是土木工程中用途最广、用量最大的一种建筑材料，不但是建筑上，在桥梁、道路等市政工程上，混凝土也是最为重要的材料。19 世纪，英国工程师开始研究和改良古罗马混凝土制造技术。1824 年，英国的烧瓦工人约瑟夫·埃斯普定（Joseph Aspdin）通过调配石灰岩和黏土，首先烧成了人工的硅酸盐水泥，并取得专利，成为水泥工业的开端。混凝土的特点是可以现场浇灌、可塑性强、阻燃和抗压能力强，但抗拉能力很弱。1854 年法国技师 J.L.Lambot 将铁丝网置入混凝土中制成了小船，并于第二年在巴黎博览会上展出，这是最早的钢筋混凝土结构。内置钢筋解决了混凝土受拉性能较差的问题，另外混凝土的包裹使钢筋不暴露在空气中，避免了生锈。两者结合成就了目前用量最大的建筑材料。

意大利工程师和建筑师奈尔维（Pier Luigi Nervi）一生致力于探索钢筋混凝土的性能和结构潜力，在结构设计上进行大胆尝试，体现了一种从材料和结构的力学分析出发，统一考虑建筑处理的设计方法。在他为意大利空军设计的飞机库中，采用了钢筋混凝土网状落地筒拱，体现了建筑结构的技术美（图 25）。长时间以来，混凝土被认为是一种工业化生产的粗糙材料，但是现代主义之后，混凝土朴素的外表甚至成为了一种比较酷的代言。柯布西耶、路易斯·康（Louis Isadore Kahn）利用混凝土或者利用混凝土强烈粗犷的表面特征，形成了独特的建筑美学。而后，日本前川国男和安藤忠雄等建筑师，将混凝土运用在现代商业建筑及住宅等建筑上。

图 22 宁波博物馆利用回收砖瓦建造的外墙

图 23 罗马万神庙的混凝土穹顶

图 24 罗马万神庙的混凝土穹顶

图 25 奈尔维，钢筋混凝土结构的飞机库

第四节 木材

在建筑材料之中，木材被视为最有生命力的。很少有材料像木材一样能够唤起人们对于大自然的想象，它的质感、色泽和纹理揭示着从自然到人工、从森林到建成环境的过渡。木材在全球都在广泛使用，无论是寒冷的北欧，还是炎热的东南亚。中国传统建筑基本上以木构为核心的建筑体系，不但发展了一系列具体构造手法，也形成了成熟的木构建筑进化发展的体系。山西应县木塔是现存最高的一座木构建筑，始建于公元 1056 年，塔高 67.31 米，底层直径 30.27 米，平面呈八角形（图 26、27）。全塔耗材红松木料 3000 立方米，2600 多吨，纯木结构，无钉无铆。除岁月洗礼以外，应县木塔还遭受了多次强地震袭击而屹立不倒，仅裂度在五度以上的地震就有十几次，这和它的结构特征不无关系。首先，塔内暗层的斜向支撑增强了木塔的强度和抗震性能。其次，木构建之间以榫卯形式连接，是允许一定程度的变形的柔性结构，吸收了一部分侧向推力。在中世纪欧洲，木材主要用在房屋框架，墙体主要是在木构框架中填充饰板。16 世纪中期，砖逐渐变成主流材料。18 世纪，英国形成了一系列的运河系统，来运输沉重的建筑材料。在此之前，材料基本都是就地取材，木材很容易就成为主要建筑材料，但是工业革命之后木材在建筑上的使用渐渐式微。19 世纪，维多利亚风格建筑出现了，出现了砖结构仿造木结构，以彰显建筑的历史文化。近些年，木材重新回到了建筑设计的视野，主要是对应可持续性发展的潮流，在这方面木材有着不可替代的优势。随着技术的发展，木材的强度大大提高了，防腐防火处理技术也日渐成熟，甚至设计师和研发者开始考虑用木材来建造摩天大楼（图 28、29）。这种大家熟知的材料，它的特性和潜力似乎并没有被完全认识和发掘出来。

木材是地缘性很强的材料。欧洲阿尔卑斯山脉和斯堪的纳维亚等地区、北美都大量地使用木材，挪威三分之一的国土面积是森林，木材建筑易于建造、修理和回收。木质建筑很多加工工艺受到了传统的影响，体现出一种延续性，但同时也能和现代美学联系起来。无论是整体结构和造型，还是细节构造，

图 26 山西应县木塔

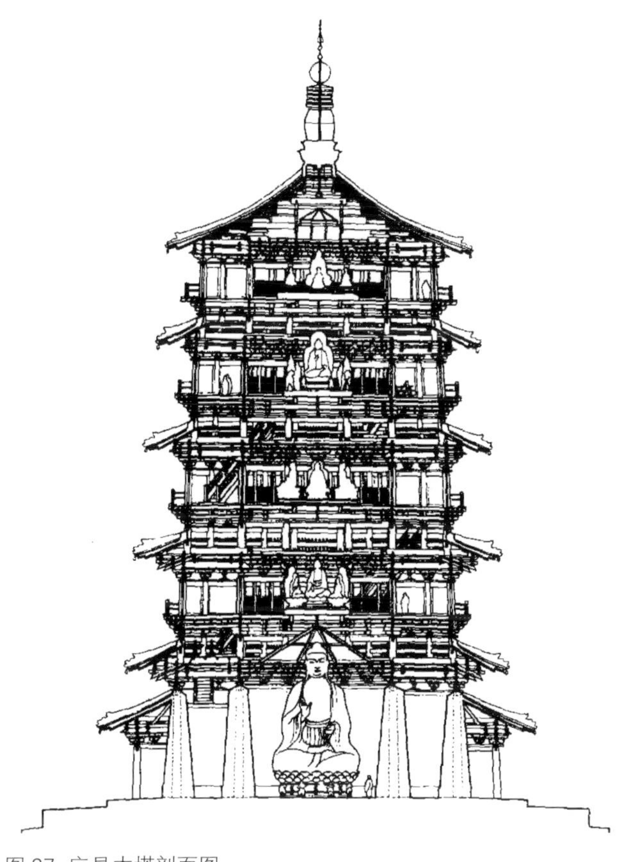

图 27 应县木塔剖面图

图 28 木材建造的摩天大楼

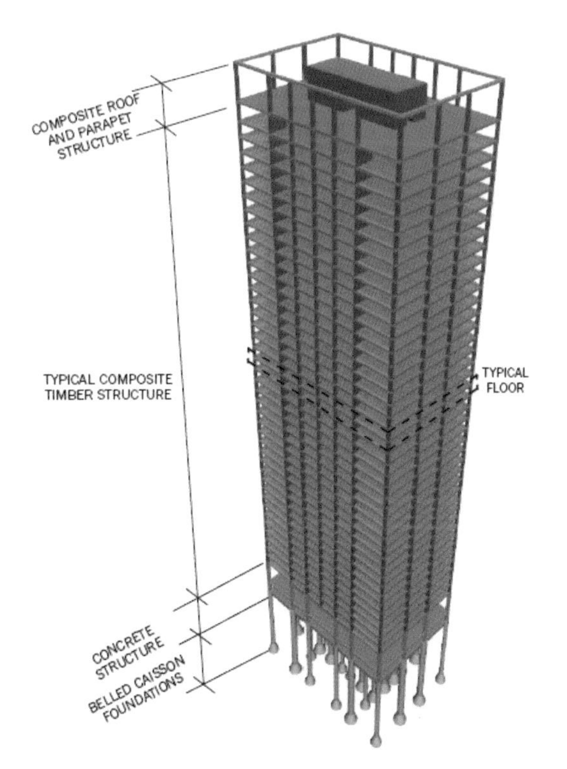

图 29 木材建造的摩天大楼

中国传统木构建筑都是木材在建筑上应用的集大成者。然而在中国，木构工艺传统正在消失，传统木构建筑正逐渐被大量的钢筋混凝土所替代。只有在传统木建筑修复和重建上，木材还在使用，而在新建筑建造上，由于防火等条件的限制，木材更多变为一种装饰材料，而真正继承了木构传统的新建筑少之又少。相比起来，在欧洲和北美洲，木材还在大量使用，尤其是住宅等房屋建设上。在北美，接近 90% 的房屋采用的是轻质木结构。这种差异一部分是因为中国林木资源的发展赶不上迅猛发展的建筑市场的要求，而北欧和北美已经形成了木材供给的良性循环，从种植、砍伐、产品加工、建筑施工到材料回收都比较成规模。同时国内木构产品还需要进一步加强防火防腐方面的研发，才能够满足现阶段相关法规和规范的要求。

建筑材料中，钢、铝和混凝土在生产过程中都消耗大量的能源，并且产生大量二氧化碳，而木材可以减少材料生产和建筑使用过程中二氧化碳的排放量，并且木材回收和再利用比例也很高。在 Athena 环境影响评估机构所作的主要建材生命周期对环境影响的报告中，木材、钢材和混凝土从资源采集、生产制造、建筑使用和使用后处理过程中对于环境的影响进行分析，木材造成的污染、能源消耗都是最小的。

此外，木材施工简易，工期相对较短。随着工艺水平提高，现代木构建筑可以形成大规模的工厂预制和现场装配，减少了工地的工作量，加快建设速度和精确度，减少了施工成本。另外，木材本身的物理性能也非常好，轻质、隔热，而且木材本身的韧性使整个结构体系有良好的抗震性能。木材的力学性能虽然不是很突出，但其强度质量比相对较高，且受拉受压性能平均，有一定的延性，可以看作是整体弱化了的钢材。从受力的角度来看，木材也能达成类似于钢材的效果。

现阶段木材作为建筑材料也有一定的局限性。木材作为一种天然材料，含有一定的水分，虽然木材在加工时候经过了脱水和干燥程序，但是依然残留一定量的水分，因此在使用过程中，木材会收缩、变形和开裂。例如，木质门窗使用了一段时间后会出现缝隙，对建筑的气密性有不良影响。另外，木材是有机物，容易受到霉变、虫蛀和白蚁等侵害，影响木材的坚固性和耐久性，即使加工时做了防霉防蛀处理，在日常使用时，仍然应当注意维护和保养。

另外，木材最不利的一点是具有可燃性，干燥的木材可以燃烧和炭化，从而达到破坏点，失去承受荷载的能力，导致房屋坍塌。木材的可燃性也是木材广泛应用必须要解决的主要问题。目前一些新型木构产品的研发弥补了传统木产品的局限，例如胶合木现在已经被广泛地使用在建筑上，它保留了一部分木材的质感，但增加了材料强度、耐火性能和绝缘性。

第五节 钢与玻璃

铸铁用在建筑上大概是18世纪到19世纪的事情，最初主要是用在仓库或温室等大型构筑物上。目前现存最早的铸铁建筑是英国的班阳与马歇尔工厂厂房建筑。此建筑采用铸铁为支撑和桁架，建于1796年。19世纪的世界博览会给铸铁建筑带来了新的契机。博览会的本质目的是展示技术发展的潜力，所以博览建筑往往采用新的技术和建筑形式来展现发展的雄心和拥抱未来的远景。1850年英国举办世界博览会，英国建筑师约瑟夫·帕克斯顿（Joseph Paxton）设计了展览大厅，他把用在温室上的铸铁结构嫁接过来，设计了铸铁的拱形建筑。整座建筑由玻璃面层覆盖，当时被称为水晶宫（图30、31）。它的出现成为了世界博览会历史上的里程碑，震惊了世界。整座建筑长度为546米，宽度为137米，使用了8.35万平方米平板玻璃作为围护结构，每块玻璃长达1.24米，是当时最大的玻璃板。如此大规模的建筑只用了短短4个月完成建造，称为建筑史上的奇迹。这座建筑在世博会完成后被整体移建，1936年毁于大火。1889年，巴黎世博会的机械馆仍然延续了水晶宫的传统，使用铸铁建筑体系。埃菲尔铁塔也是同时期的产物，工程师埃菲尔在这座高塔上挑战当时的工艺极限，这座高塔高300米，成为巴黎最重要的地标建筑。1929年，世博会在西班牙巴塞罗那举办，密斯·凡·德·罗被委任设计德国馆，这座建筑后来被称为巴塞罗那馆。同样是博览会建筑，同样要展示技术潜力，密斯这次并不追求建筑的高大尺度，而是经过细节的推敲来展示德国工业水平的发展。这座建筑并不大，但是室内外空间流通，水平方向的基座和屋顶、竖直方向的柱和墙逻辑清晰，纯粹简洁。走入建筑后，我们体验到的完全不是传统的“房间”。这座建筑的实验奠定了密斯·凡·德·罗在建筑史中的身份以及日后的职业生涯发展。钢结构最初的应用是为了追求经济合理性，把最新的工业技术应用进来，但它的出现改变了建筑的面貌。理查德·罗杰斯（Richard Rogers）和诺曼·福斯特创造的早期代表作巴黎蓬皮杜中心如同一架机器，彻底抛弃原有传统建筑的风格。在蓬皮杜中心设计中，结构体系、电气和空调管线、电梯都暴露在外，形成了完全不同的建筑形态。这座建筑追求的是功能性和高效性，而不是艺术上的象征性，传统建筑原型的束缚被打破了（图32）。

图30 英国水晶宫

图31 英国水晶宫室内场景

图32 巴黎蓬皮杜中心

玻璃最早在建筑中大规模应用则是一种精神性的追求。在传统教堂中，空间相对灰暗，大面积的玻璃窗则让光线充斥进来，彩色玻璃使光线充满了魔幻式的神奇色彩。彩色玻璃是利用彩画或者在玻璃加工时加入颜料制成，彩画往往讲述的是《圣经》里的故事，法国夏特大教堂（Chartres Cathedral）的彩窗有着1150年的历史（图33、34）。早期的玻璃昂贵且易碎，所以在运输和加工过程中都需要小心翼翼，而且尺寸不能太大。伊丽莎白时期，由于它的昂贵造价，建筑上玻璃的运用面积大小能够暗示着主人的富有程度。英国德比郡的哈德威克庄园（1591—1597）是英国最为珍贵的建筑之一，其中40%的立面都是玻璃（图35）。玻璃大规模应用最早也是在温室建筑上，水晶宫是预制结构的早期实验，后来影响了工业建筑、市场和火车站等建筑。玻璃和钢结构一起实现了大跨度、开敞和流动空间。在当代建筑中，钢可以形成比混凝土更小的结构断面，纤细并且优雅。玻璃不仅仅用来做窗户，强化玻璃可以用来做地板、楼梯，甚至可以搭建整个建筑，波林－赛温斯基－杰克森建筑事务所（Bohlin Cywinski Jackson）设计的苹果旗舰店是一个玻璃结构的完全透明的建筑（图36、37）。

图33 法国夏特大教堂玫瑰窗

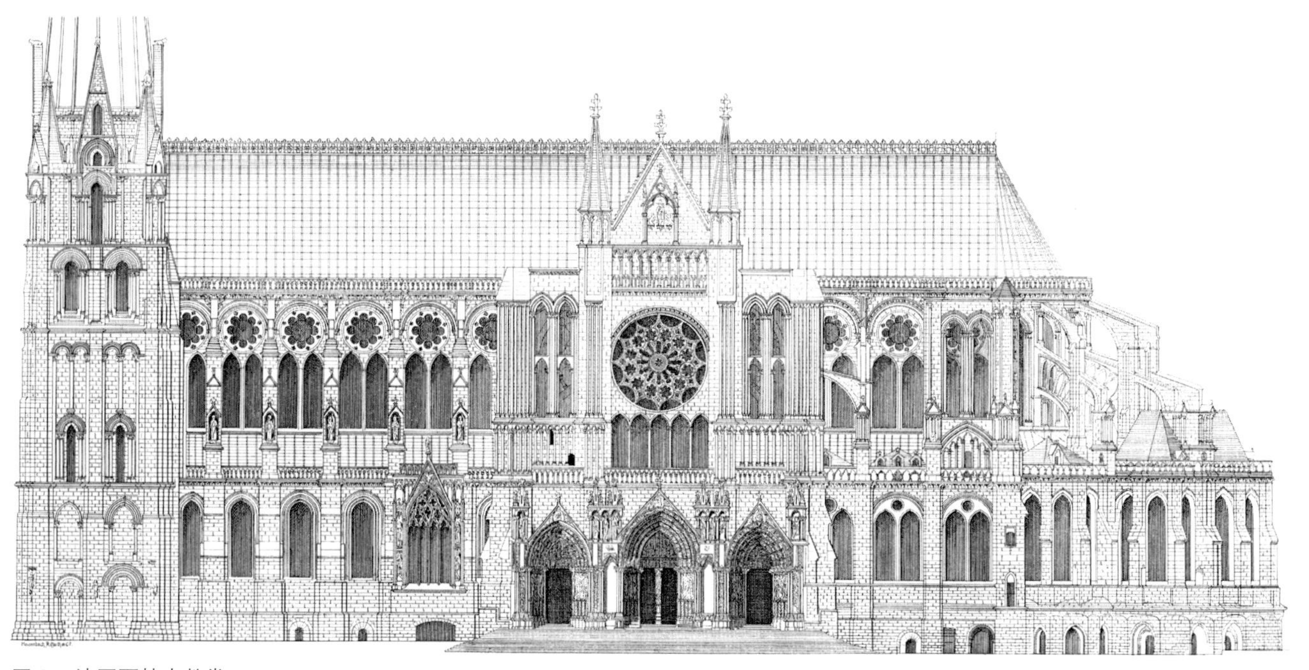
图34 法国夏特大教堂

第六节 其他合成材料

我们前面提到的材料中，木材和石材是直接从自然界提取的，砖、混凝土、钢、玻璃是利用自然界的材料进行加工而成。合成材料，是为了某种目的特殊制成的人工材料。这种材料代表了未来建筑技术发展的方向。

图 35 英国德比郡的哈德威克庄园

一、纸材

我们日常生活中的纸是脆弱和易燃的，坚固性和持久性都很弱，所以很难把纸和建筑材料联系起来。但日本建筑师坂茂坚信：纸是一种能够容易做到防水、防燃的高科技材料。以现代的技术水平，是有可能制造出优于木材的高强度纸管。复合化的纸质材料已经解决了这个问题。它具有像“三明治”一样的多层构造，由透明乙烯水管、陶瓷、玻璃纤维、合成纤维、硬硅钙石、无机物难燃粉末等组成，这些材料按不同比例混合之后就可以使纸材达到不同要求。纸建筑以 2000 年德国汉诺威世博会日本馆为代表作（图 38），整个建筑采用可回收材料，以钢和沙为基础，由半透明纸膜覆盖的纸筒穹窿 ，采用 125 毫米粗的纸管网状交叉而成，其弧形屋面和墙身材料也是织物和纸膜。门窗采用半透明玻璃纸窗，使整个室内光环境温馨、柔和。另外，纸材料中出现了一种称为纸钢（又称金属纤维纸）的新型材料，它将极细的金属丝和纤维混合在纸浆中，厚薄仅有零点几毫米，但强度跟钢材相当，这种材料建造的房屋容易装拼运输，适合做临时性工厂，其性能、安全性俱佳。

图 36 上海浦东苹果旗舰店

图 37 上海浦东苹果旗舰店玻璃结构细节

二、ETFE

2008 年北京奥运会的游泳馆“水立方”的半透明外墙是一种称为 ETFE 薄膜的新型建筑材料，又称四氯乙烯充气薄膜（图 39）。这种膜材料是一种柔性材料，具有延展性好、自重轻、屈服强度高、透明度良好、保温隔热、隔声、防水和隔水性能好等优点；尤其值得一提的是它的防火功能，它不同于传统意义上的阻燃防火材料，遇到火灾时，它除了具有阻燃等功能外，还能破裂，这就为人员的疏散和救援提供了便利条件。

图 38 汉诺威世博会纸建筑日本馆

三、半透明混凝土

在 2010 年上海世博会上，意大利馆使用了半透明混凝土来建造场馆的外立面。半透明混凝土可以通过添加其他成分而达到不同透明度的渐变。光线透过半透明混凝土照射进来，营造出梦幻的光影效果，而自然光的渗入也可以减少室内灯光的使用，从而节约能源。从空间体验角度来看，建筑室内外的人也可以透过外墙互相看见。半透明混凝土砖成分是由普通混凝土和玻璃纤维组成的，因此这种新型混凝土便可透过光线。它是由匈牙利建筑师阿隆・罗索尼奇发明的。据建筑师本人说，透明混凝土的灵感来自他在布达佩斯看到的一件艺术作品，它是由玻璃和普通的混凝土做的，这两者的结合启发他研制出了这种透明的混凝土（图 40）。

图 39 北京水立方游泳馆，ETFE 薄膜建筑

图 40 透明混凝土材料

[1] 芭芭拉·史泰克,《对话彼得·卒姆托》, Casabella. 2004:6-13。

[2] 苏珊·朗格著，刘大基等译,《情感与形式》，北京：中国社会科学出版社，1986，第8页。

[3] 维特鲁威著，高履泰译,《建筑十书》，北京: 知识产权出版社，2001，第10页。

[4] 汉诺-沃尔特·克鲁夫特著，王贵祥译,《建筑理论史——从维特鲁威到现在》，北京: 中国建筑工业出版社，2005，第240页。

[5] 史永高著,《材料呈现：19和20世纪西方建筑中材料的建造空间的双重性研究》，南京：东南大学出版社，2008，第107页。

第六章

结构和空间

建筑设计和结构设计是两个不同却又关系紧密的专业。结构设计的主要目标是根据建筑的规模和空间特点选择合理的建筑结构形式，同时通过结构设计来实现建筑的坚固性和经济性的统一。在传统的房屋建设中，专业的结构工程师往往并不需要，工匠们会根据自己积累的经验来选择结构体系以及构件的尺寸。随着建筑工程设计越来越复杂，建筑结构相关的法规规范也逐渐完善和专业化，结构体系的选择性也越来越多，这时候专业的结构工程师就必不可少了，建筑师和结构工程师也就有了分工和协作。

建筑设计师基本上每个项目都要和结构工程师一起合作完成，但是这种合作并不总是一帆风顺的。最为常见的情景是这样的，在结构工程师眼中，建筑设计师有时过于激进，只关注建筑外形或空间的戏剧效果，而牺牲了结构的经济合理性；在建筑设计师眼中，结构工程师有时会比较保守，给建筑设计设置了很多限制。长期以来的专业分野似乎造成了两个专业的价值观和工作方法完全不同，建筑师偏向创新，而结构工程师更加理性和实际。这个分野总体来说是客观存在的，但是除了消极地承认这种分野，还可以更加积极地去整合。对于建筑设计师来说，学习一定的结构常识是很必要的，在项目开始的时候，及早将结构工程师纳入设计团队，在空间整合过程中将结构体系考虑进来，而不是完成了设计以后去配结构，这样的话，结构很可能会成为创造性思维的一个出发点和催化器。在这里，我们无需了解结构的具体计算方法和技术细节，需要了解的是结构和空间的关系。

第一节 结构逻辑与空间逻辑

结构如同建筑的骨架，它支撑着建筑，然而骨架本身必然限定了空间，也参与了空间的塑造。建筑师所关注的空间逻辑其实是人对空间使用和体验的方式，它和结构所限定出来的空间逻辑并非时常吻合。有时结构的逻辑占主要地位，而空间逻辑被忽略了，这就出现了结构破坏了空间效果的情景，这是建筑设计师很难容忍的；有时空间逻辑占主导，结构的经济性就要做出牺牲，这又是结构工程师反对的；第三者是最理想的，寻求合适的结构逻辑，使其能够与空间逻辑相协调。

我们回顾一下建筑历史就会发现这两者相互影响的脉络。在最原始的状态下，结构本身就是建筑空间，结构的逻辑也就是空间的逻辑，因纽特人的冰屋是一个很理想的例子（图 1、2）。冰屋由两个空间组成，一个小的穹顶和另外一个通道及储藏。从结构角度分析，这两个空间采用不同砌筑方式，于是产生了不同的结构体系，一个是螺旋上升砌筑，另一个是类似筒拱的砌筑方式。砌筑方式决定了空间的形态，空间形态体现了结构的逻辑；从空间角度来看，一个空间较高，适合用来做主要居住空间，而另外一个低矮，适合做通道和储藏。这个例子中，结构和空间逻辑是完全吻合的。

埃及的神庙基本上都是采用的石构梁柱体系，例如大阿蒙神庙最壮观的地方是“百柱大厅”（图 3、4）。从西面进入大厅，其内部净宽 103 米，深 53 米，内有 134 根巨柱，中央两排为雕刻盛开莲花的纸草柱，高 12.8 米，直径 2.74 米。这些柱子排列密集，令人感到压抑，原始崇拜冲动油然而生。中央的两排柱子特别高大，以至当中三开间的顶棚高于其他部分的屋顶，形成侧高窗。从侧高窗进来的光线洒落在柱

图 1 因纽特人的冰屋

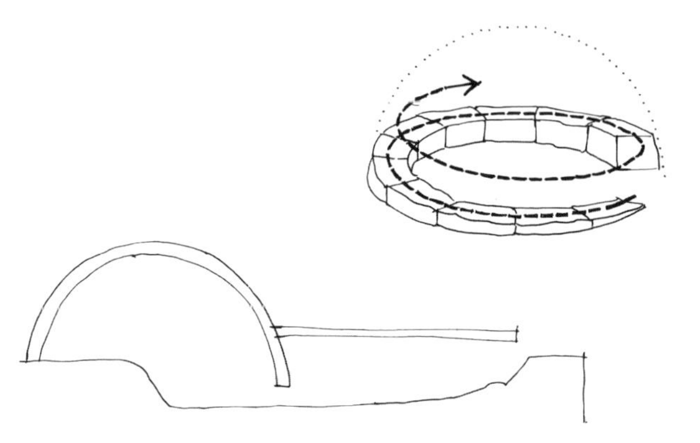

图 2 冰屋的建造方法

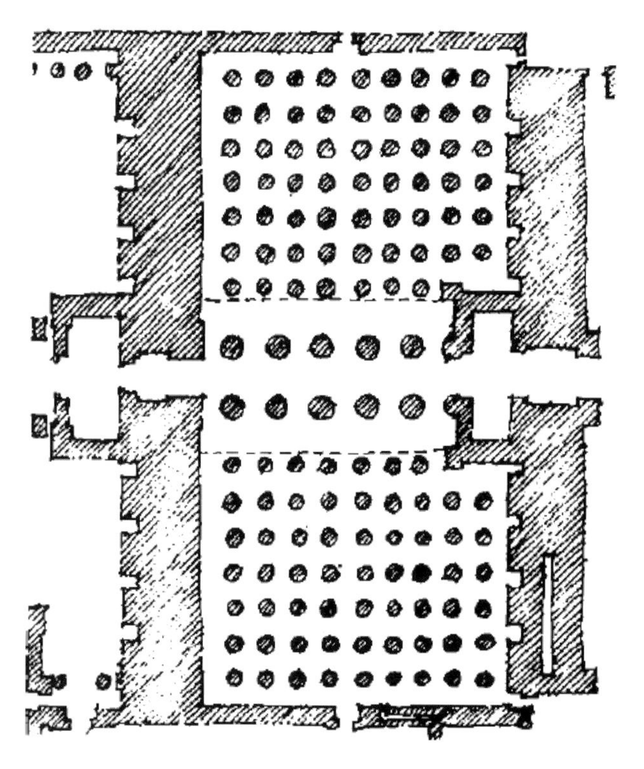

图 3 古埃及阿蒙神庙平面

图 4 古埃及阿蒙神庙遗址

子和地面上，随着时间的推移而缓慢移动，更增强了大厅的神秘氛围。应该说，这个结构体系有助于形成设计者所期望的空间体验效果，但如果要用这种结构类型创造一个有视觉通廊的空间，效果会如何？如此密集的柱网如何才能不遮挡视觉通廊？结构逻辑开始和空间逻辑发生冲突了。图 5 所示是一个比较中规中矩的梁柱体系建筑平面，图 6 所示是一个看上去相似，但是改良过的平面。空间内都有相当多的柱子，但是细看柱子并不是规则矩阵的，这是为什么呢？如果你画一个中心放射的参考线就能够看出眉目了，柱子的排列是放射性的，留出了室内各个部分向房屋中心的视线和声音通廊，这样讲话或表演的人站在房屋最中间的四根柱子限定的空间中，观众从各个地方都能够听见和看到。在这个例子中，原有最为简洁的规则梁柱矩阵结构体系无法满足空间使用需求了，就不得不对其进行改变，而这种改变可能会影响结构的经济合理性，例如这个例子中，柱梁的矩阵被破坏，结构的合理性和直接性都受到了影响。

另外一个结构和空间互动的例子是古希腊剧场空间的演变。古希腊最初的剧院是室外的，圆弧形阶梯的布局，符合观看戏剧的空间体验模式，而且往往依山坡而建，竖向高程变化和地形结合，减少土方施工量。整座建筑没有屋顶，结构对于场地的约束力非常小（图 7），所以空间的使用模式决定了建筑的形态。如果我们需要室内的剧院，有屋顶遮蔽的空间，该如何设计结构呢？我们前面提到了希腊的结构体系主要是简单的墙柱梁线形结构，适合做方形建筑。这样，我们就看到了这样的建筑，外部是一个方形轮廓，而里面塞进一个圆弧形阶梯的空间（图 8）。方形建筑外墙轮

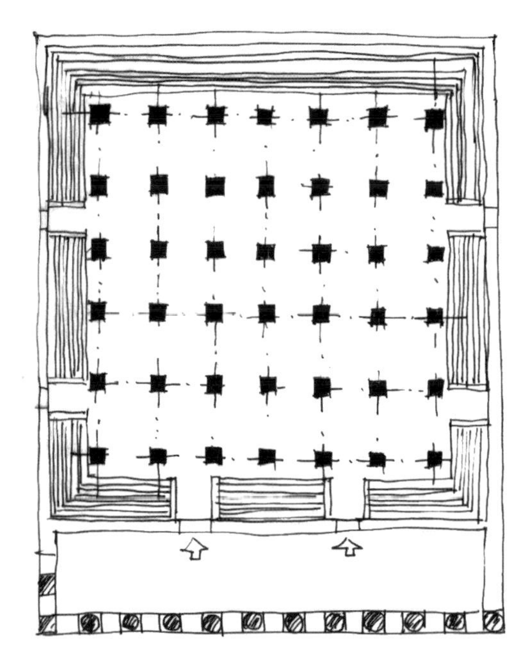

图 5 规整的梁柱体系平面

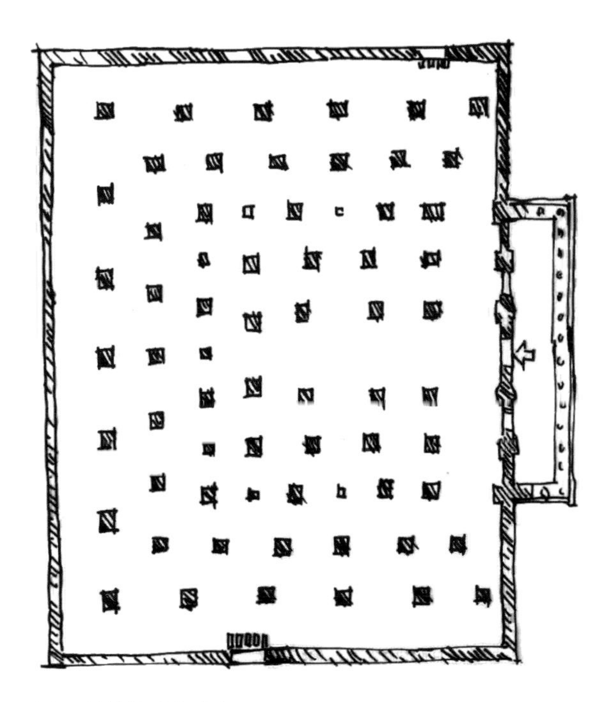

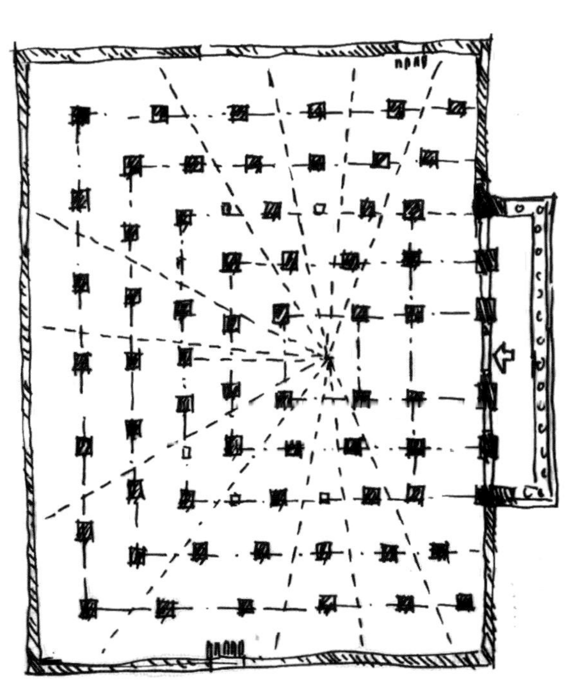

图 6 梁柱体系的改良

廊和半圆形阶梯作为交接的边角空间放置楼梯等附属设施。在空间中间不得不放置了四根柱子，这就非常别扭了。在当时还有一种做法，就是将座位按照方形周边布置，这种情况下，空间的使用不得已为结构让步了，但是为了优化这个问题，设计师将柱子尽量向外墙靠，尽量创造内部的大空间，而不是像很多建筑那样平均分配跨度(图9)。文艺复兴时期，帕拉迪奥改进了剧院的设计，柱子尽量靠近外墙，而让出中间的观演空间，同时柱子和外墙的设定也结合了方和圆两种形态，这个结构体系就进化了，而且有趣的是他还在舞台上设计了很多小巷子，是为了在绘制布景的时候可以形成城市街道一样的透视空间（图10）。这个结构体系的演化不再像因纽特人的冰屋那样简单了，而变得相对复杂。从这个古希腊到文艺复兴剧场空间和结构体系的演进过程，我们可以看到结构逻辑和空间逻辑相互制约相互促进的关系。

古代建筑的类型相对较少，在建筑内发生的事件类型也相对固定，所以工匠们可以在相对长的历史时期内连续地思考问题和积累经验。例如宗教建筑中，对于空间使用和体验的方式比较稳定，工匠们可以在结构上不断地实验和积累经验，

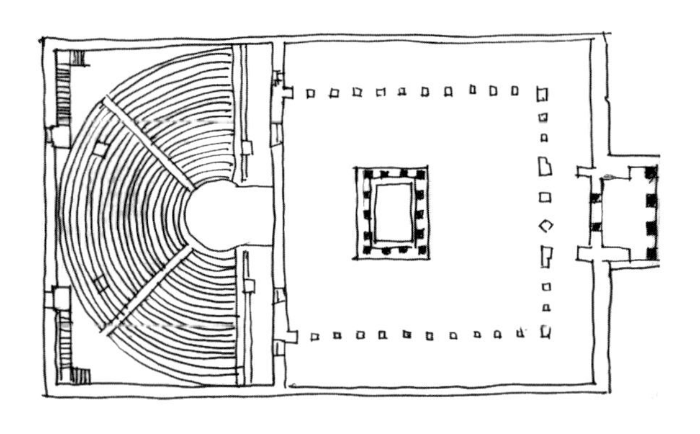

图8 古希腊的室内剧场

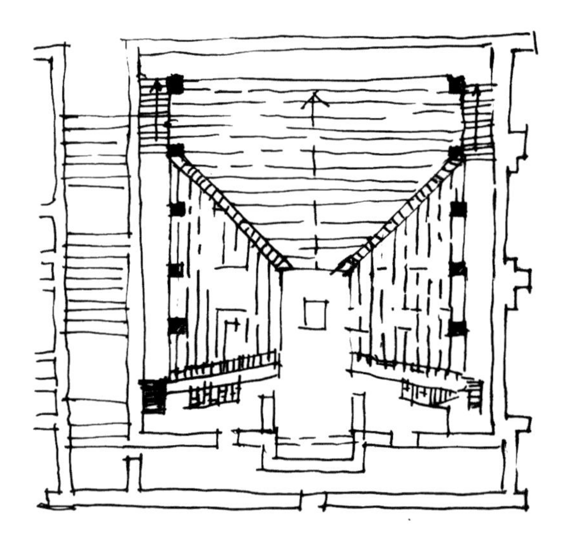

图9 古希腊的室内剧场的另外一种可能性

图7 古希腊的室外剧场

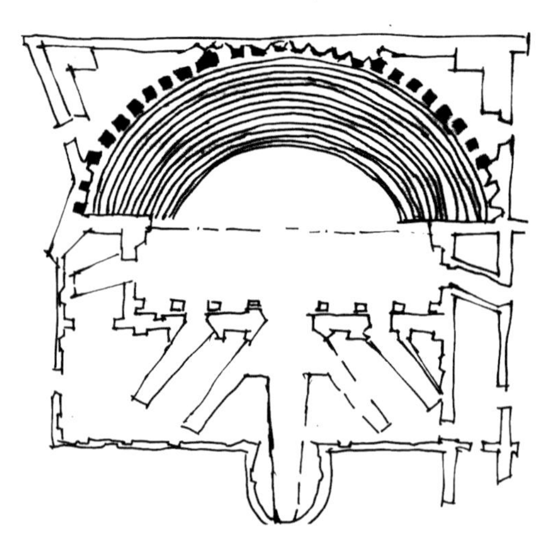

图10 帕拉迪奥对于剧院建筑的改进

以寻求最佳方式。经过中世纪、文艺复兴时期和哥特式建筑时期，工匠们不断地调整结构形态，以达到最佳的空间效果，最终形成了令人赞叹的建筑杰作。当代的建筑设计建筑类型繁多，对于建筑的使用方式也日新月异，建筑往往能够屹立 50—70 年，而在这段时间内，对于空间的使用方式早已经演进。这就要求在建筑设计的时候考虑到未来用途的变更，避免浪费。同时建筑结构技术的发展也为此提供了可能，大空间、灵活隔断在公共空间设计中被大量采用。

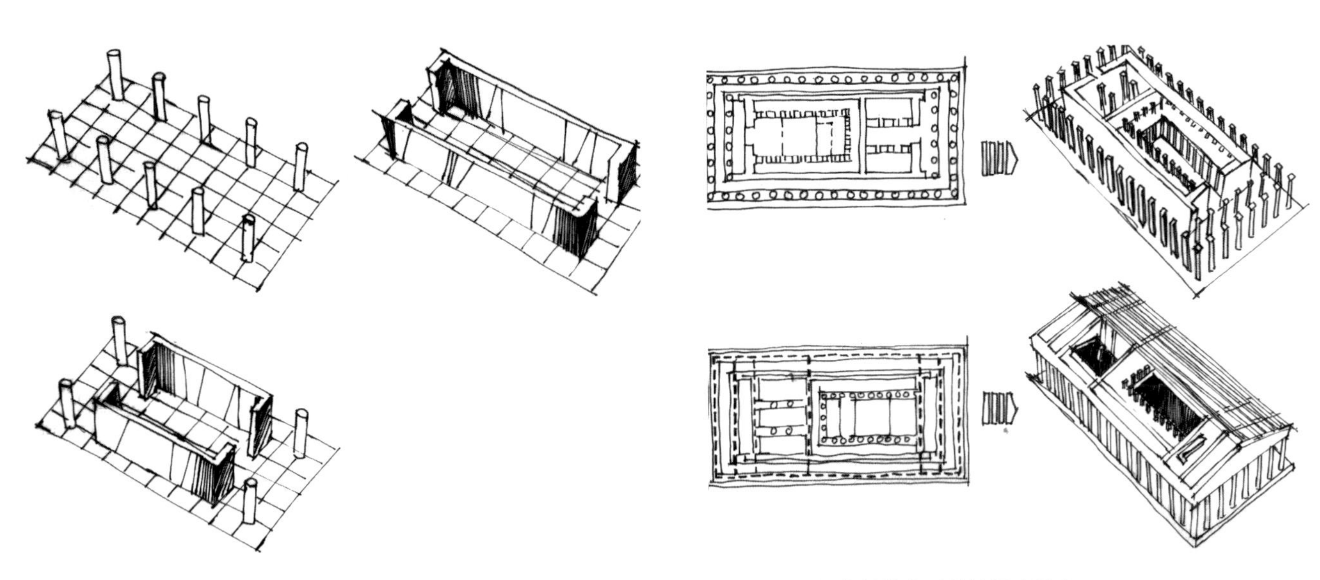

图 11 梁柱体系的种类

图 12 采用梁柱结构体系的帕提农神庙

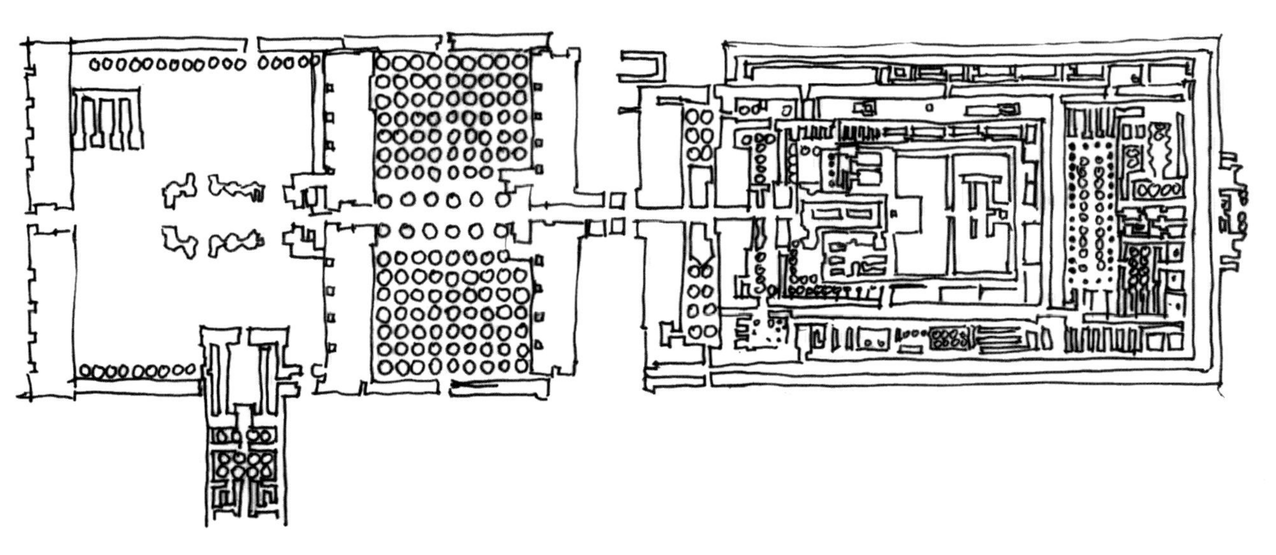

图 13 采用梁柱结构体系的阿蒙神庙

第二节 常见建筑结构体系

一、梁柱体系

梁柱体系是以梁和柱相互刚接或铰接而构成承重体系的结构（图 11—13），柱、墙和梁一起作用来承受竖向荷载和水平荷载，这种结构体系在日常建筑设计当中使用得最多，房屋的墙体不承担主要荷载，仅仅起到分隔作用。按照房屋的规模可以分为单跨、多跨；按层数分为单层和多层。经常用的结构材料有钢框架、混凝土框架、胶合木质框架和钢筋混凝土框架等等。钢筋混凝土框架是使用最多的，可以整体现浇，也可以预制装配。钢框架则大量使用于高度较高、跨度较大的建筑中，钢框架可以比混凝土框架构件断面更小，自重更轻。

框架建筑的主要优点是，围护体系和结构体系分离，使得空间分隔更加灵活，也可以相对节省材料。同时，梁柱等构件易于标准化和定型化，适合于采用装配体系，减少施工工期。

框架结构体系的缺点在于，框架结构侧向刚度小，属于柔性体系，当强烈地震发生时，结构产生的水平位移较大，容易造成结构破坏。因此在设计高层建筑时，不能纯粹使用框架结构，不适合建造 15 层以上的建筑。因此也就出现了框架剪力墙结构，利用剪力墙这种从基础至屋顶连续不中断的抗侧力构件来抵抗侧向变形。

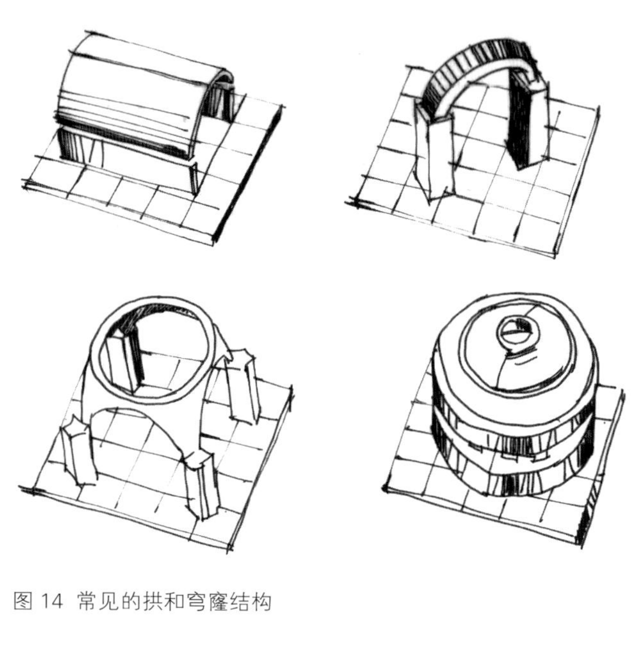

图 14 常见的拱和穹窿结构

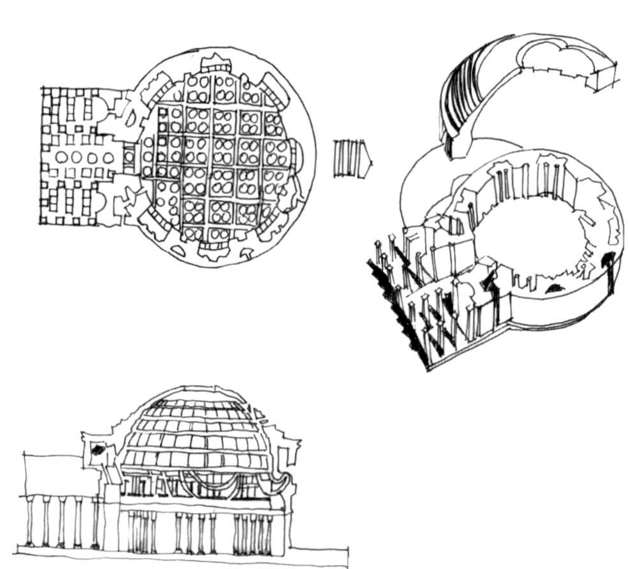

图 15 采用穹窿结构的古罗马万神庙

二、拱券与穹窿结构

拱券结构是利用块状材料（砖块或石块）常用的结构体系，利用块料之间的侧向放置实现一定结构跨度的承重系统。拱券技术最早出现在两河流域，在巴比伦、亚述和印度都有使用，而得

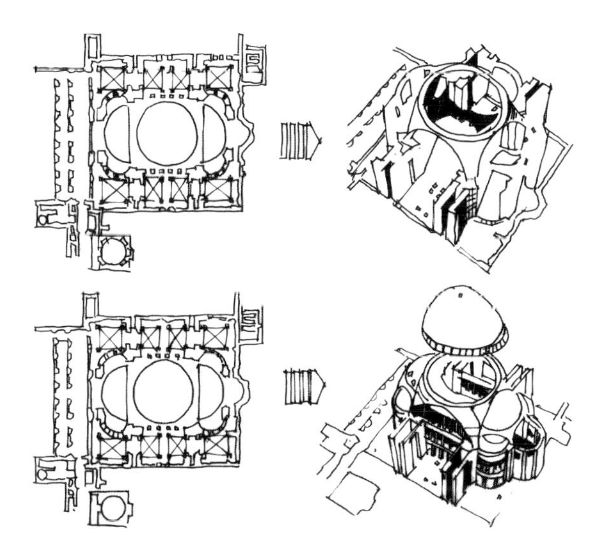
图 16 采用帆拱结构的圣索菲亚大教堂

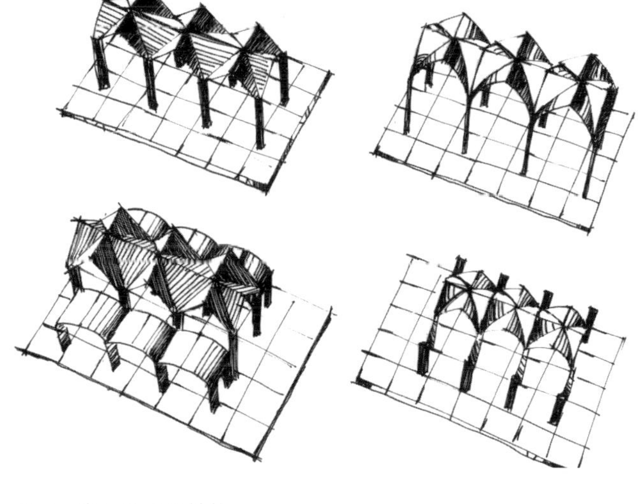
图 17 常见的尖券结构

到发展是在古罗马（图 14—17）。中国的拱券技术发展相对较晚，经历了空心砖梁板、尖拱和折拱几个步骤发展，直到西汉成熟，主要的建筑实例是墓室的拱门。之后，在魏晋南北朝的佛塔建筑设计中，拱券砌筑技术有了发展，宋代用在了城墙水门和门洞上。明代初期，出现了利用筒拱建造的房屋，加上瓦屋顶，仿一般建筑的样式，俗称无梁殿。中国现存的有南京灵谷寺无梁殿（图 18）。这种砖砌的大跨度建筑，相比起同时期的木构建筑来说，更加坚固耐用，并且防火，常常用在一些避免火灾的建筑上，例如北京皇史宬，一座放置皇家档案馆的建筑。在古代罗马，拱券技术和混凝土结合，技术日趋成熟。拱券技术进一步发展就成了穹顶，这些曲线引入到了建筑立面当中，大大丰富了建筑的表现力和城市界面，以至于对于后期的巴洛克建筑风格有了进一步的影响。半圆形的拱券是古罗马建筑的重要特征，而尖形拱券则成了哥特式建筑的特征。伊斯兰建筑的拱券形态更加丰富，马蹄形、弓形、三叶形和钟乳形等等（图 19）。

图 18 南京灵谷寺无梁殿的拱券结构

图 19 阿尔罕布拉宫的拱券结构

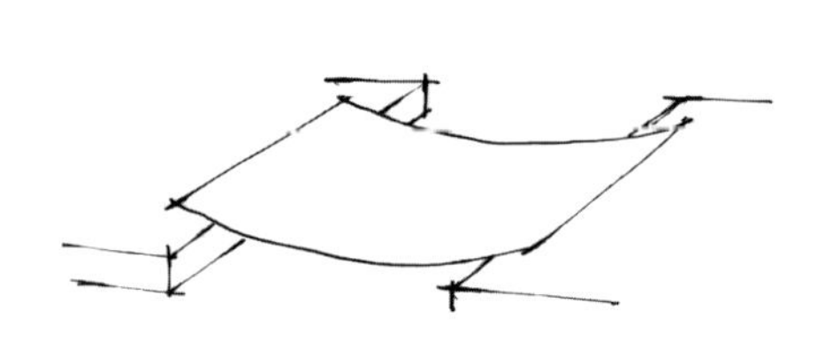
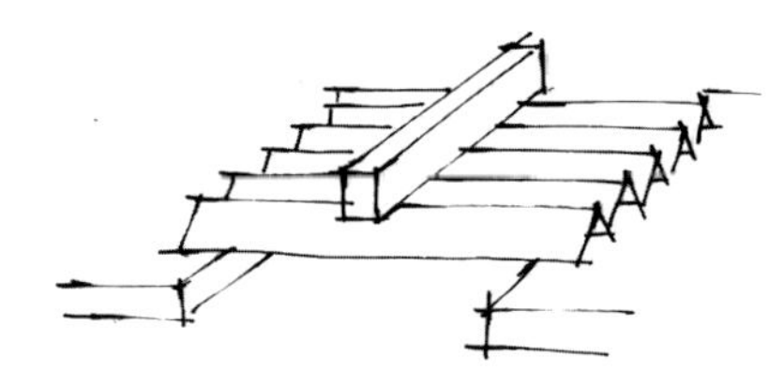

图 20 折板结构原理

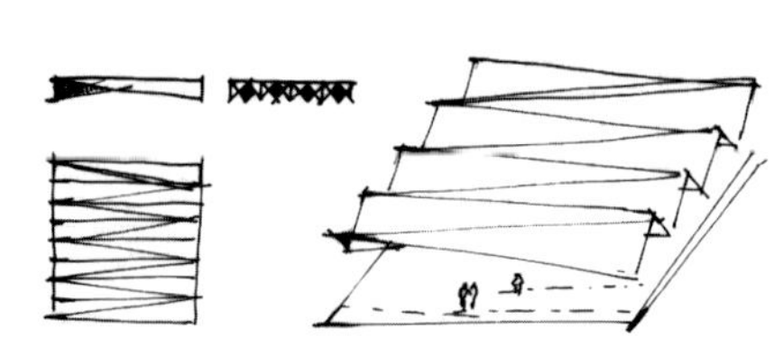

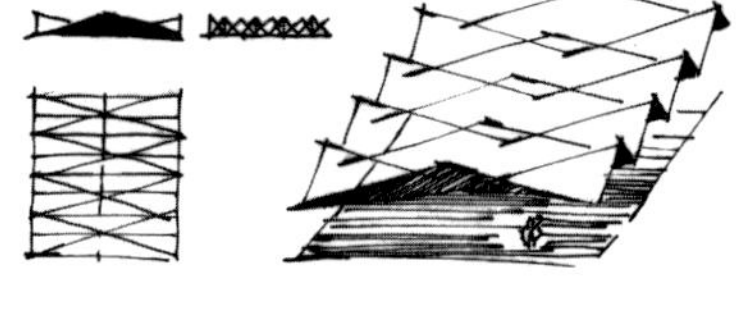
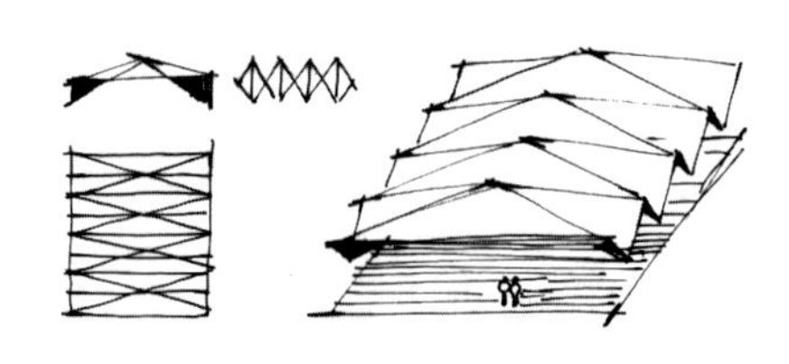

图 21 常见的折板结构类型

三、折板结构

折板结构是由若干狭长的薄板以一定角度相交连成折线形的空间薄壁体系，常用的有 V 形屋面，这种结构既能够承重，又可以做围护，用料较省，经常用来做车间、车站、仓库和体育场看台等屋面（图 20—22）。巴黎联合国教科文组织会议大厅就采用了这种折板体系。折板体系通过一个形态的重复和几何严密性，使建筑具有某种纪念性，因此也会用在会议大厅等大空间设计上。

四、张拉结构

张拉结构是美国建筑师富勒（R.B.Fuller）提出的，富勒认为宇宙的运行是按照张拉整体的原理进行的，万有引力就是一个平衡的张力网，在结构没有施加预应力之前，结构没有任何刚度，而有了预应力以后，就可以建造超大跨度的建筑。20 世纪 60 年代初期，富勒申请了专利“张拉整体结构”（Tensegrity）。斯内尔森（Kenneth Snelson）等人将张拉整体的构思运用在雕塑作品中，一系列不规则的杆件，通过一根索给整个体系施加预应力。20 世纪 80 年代，张拉整体结构开始运用于建筑领域，主要是大跨度的体育场馆建筑。1986 年，汉城奥运会体操馆是一个能够容纳 1.5 万名观众的大型体育场，整个屋顶是索穹顶结构，并且用隔热膜材料覆盖，跨度为 120 米。随后设计师李维（Levy）进一步发展了张拉结构，他在 1992 年建设了世界上最大的索穹顶体育馆——乔治亚穹顶（Georgia Dome），他摒弃了前人放射状的设计，改用双曲抛物面形穹顶，不但造型新颖，用钢量也很节省（图 23、24）。

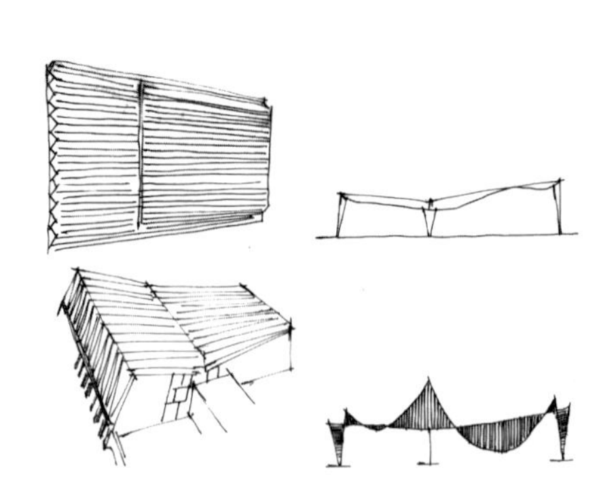

图 22 联合国教科文组织会议大厅折板结构

图 23 索穹顶体育馆——乔治亚穹顶

图 24 乔治亚穹顶的屋顶结构

第七章

比例、尺度和模数

材料与结构属于建筑的自身属性，其围合的空间和人之间的关系怎样？塑造的空间体验起来如何？空间的大小是否适度？这就牵涉到了比例和尺度的问题。比例和尺度使建筑空间和人发生了联系。关于比例和尺度的关注及讨论贯穿了整个建筑历史的发展，而且不断演进。简单来说，比例是指建筑局部和整体之间的关系，属于建筑本身的属性；而尺度是指人对于建筑空间尺寸的感知，关注的是建筑、人和周边环境的相互关系，是个相对概念。建筑归根结底是被人使用和体验的，空间的大小取决于人的要求，所以人的实际体量就是衡量建筑物尺度的最普遍的参照。

第一节 古典时代的比例概念

古典建筑时代，比例和尺度是建筑美学的最核心的内容。柏拉图认为合乎比例的形式就是美的，古希腊人认为人体是世界万物的度量，建筑如果美观，就必须符合人体的比例关系和秩序。古希腊人以人体比例为参照，确定了神庙柱式的样式，从柱础到柱头各个部分形成了以柱径为基准的比例关系，一直拓展到整个建筑的设计上。

古希腊人认为万物皆数，通过数字关系研究去推敲什么是美，才能剥离感官世界的表象去了解美的本质。毕达哥拉斯是这一学派的代表，传说有一天他经过铁匠铺，注意到不同铁碾发出的撞击声也不同，这启发他去研究音乐的音律，他发现希腊的竖琴中，音高和琴弦长度比例很有关系，琴弦长度比为 1/2、2/3、3/4 时发出的声音是最动听的，分别对应了八度音程、五度音程和四度音程。将这个数与和谐的关系推广开来，毕达哥拉斯认为整个宇宙都是存在着数的秩序，数是万物本原。那么造型艺术也是一样的，无论是绘画、雕塑或者建筑，希腊人认为美来源于一种和谐的秩序，视觉上的愉悦基本要素就是比例关系。和谐就是使美成为可能的数量比例关系。柏拉图认为我们的现实世界是不真实的，不过是另外存在的理念世界的影子而已，我们现实世界中美的事物是具体也是易变的短暂现象，理念的美是永恒的。实际上宇宙万物是按照数学规律构成的，只有通过数学，尤其是最崇高的几何学才能认识世界的本质。关于事物的形态，他认为现实世界中的各种形体美只有相对的美，而抽象的几何图形才是永恒绝对的美，是由神创造的。黄金分割比例在古希腊被奉为金科玉律，它来源于大自然的观察，例如鹦鹉螺、树叶和花朵很多自然现象中都以黄金分割比例（图 1），人体也如此，经脐部，下、上部量高之比，小腿与大腿长度之比，前臂与上臂之比，以及双肩与生殖器所组成的三角形等都符合黄金分割定律，即 1 ∶ 0.618 的近似值（图 2）。古罗马建筑中，比例的重视仍然能够体现出来。罗马万神庙的圆形象征着宇宙，穹顶直径 43 米，建筑高度也是 43 米。维特鲁威在《建筑十书》中也对比例进行了描述：“建筑师应当将更多的心思花在建筑物的精确比例上，而不是花在其他方面。对称性的标准被确定，并且成比例的维度得以深思熟虑后，下一步的明智行为是考虑场地的性质，或者使用价值或美的问题，并且通过增或减的方式对方案进行调整，对称性关系中增加或减少被看成是以正确的原则为基础的，并且根本不会对效果产生损害。”[1]

文艺复兴期间，阿尔伯蒂发掘并发展了维特鲁威《建筑十书》写了《论建筑》，其中阐述了建筑的美观理论：数的协调，以欧几里得的几何学作为运用基本形体的依据，运用这些形体以倍数或等分的方式找出理想的比例。他提出文艺复兴时期的审美观点，即各部分比例的合理集成，不能因增大或减少而损坏整体的协调。阿尔伯蒂在他的书中对建筑设计下了定义：整个建筑艺术，是由设计与结构所组成的，设计的本质就在于，将一座大厦的所有部件放在它们适当的位置，决定它们的数量，赋予恰当的比例和优美的柱式。美就是各部分的和谐，无论什么主题，这些部分就应该按这样的比例和关系协调起来，以至不能增加什么，也不能减少或更动什么，除非有意破坏它。

第二节 柯布西耶与模数

古典建筑师为了追求建筑内在和谐而发展了比例系统，那么这种系统当今还有帮助么？的确，当今无论是艺术还是建筑，已经和古典时代完全不一样了，古典时期经过积淀和修正而逐渐形成的所谓风格已经无效了。当代建筑技术飞速发展，建筑的类型也越来越复杂，空间模式和体验都有革新式的发展，如果继续套用古典立面风格是于事无补的，那么比例系统的意义在哪里？我们可能没必要去追究建筑立面的比例是否是黄金分割，但是我们仍然需要一种建筑空间形态的理性化控制。从宏观的层面上来说，比例的应用是一种控制形态和空间的理性欲望，美是可以理性化的。这种态度在某种程度上来说依然是需要的，也仍然是建筑设计的灵魂。

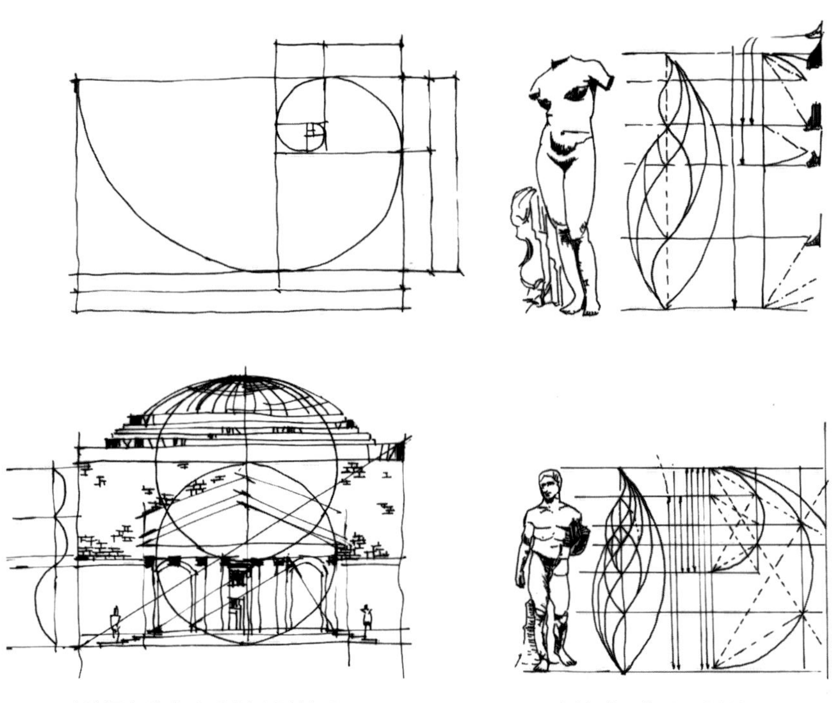

图 1 鹦鹉螺中的黄金分割比例关系

图 2 古希腊人体的比例关系

文艺复兴建筑师为了实现比例的和谐发展出了用来辅助构图的控制线，控制线被文艺复兴时期的建筑师拿来建立复杂的比例关系，柯布西耶在《走向新建筑》一书中写道："一条控制线是反对任何任性的保证：是一种验证的方法，可以校正在热情中做出的工作，它赋予一个作品以韵律感。控制线带来了数学中的抽象形式，提供了规律的稳定性。一条控制线的选择规定了一件作品的基本几何性。"[2] 他提到了古典建筑帕提农给他带来的信心，一种对于数学所表达的理性秩序的颂扬，在杂志的封面上的副标题为"回归秩序"。柯布西耶力图把建筑从各种各样的风格中解放出来，回归建筑的本体，几何秩序和数。建筑艺术的本质应该是几何关系和正确的比例系统。[3] 英国史学家克林·罗在 1977 年出版的《理想别墅的数学及其他论述》中，比较了柯布西耶和帕拉迪奥的建筑在追求数学和几何方面的完美方面的一致性。[4] 他比较了帕拉迪奥的圆厅别墅（图 3、4）和萨伏伊别墅（图 5、6），圆厅别墅是追求最完美的数学和几何关系的产物，严格中心对称，中心是象征宇宙间最高和谐的穹顶。帕拉迪奥追求平面完全的明晰性，他把数学当作形式世界的最高裁判。柯布西耶却化解为向心性，反对对称，他没有在建筑中直接使用几何体系，却把这种关系隐藏在平面和立面中，从这点上看出古典主义建筑和现代主义建筑的共同追求。柯布西耶说道，基准线从建筑诞生之时就存在，为条理性所必需。基准线是反任意性的一个保证，基准线是一种手段。

数学理性追求贯穿了古典建筑和现代建筑的成长历程，然而，面对工业化大生产，建筑技术的变化，数学理性追求成就了模数的概念。建筑设计和建造过程中，模数的运用也是有着悠久历

图 3 帕拉迪奥，圆厅别墅

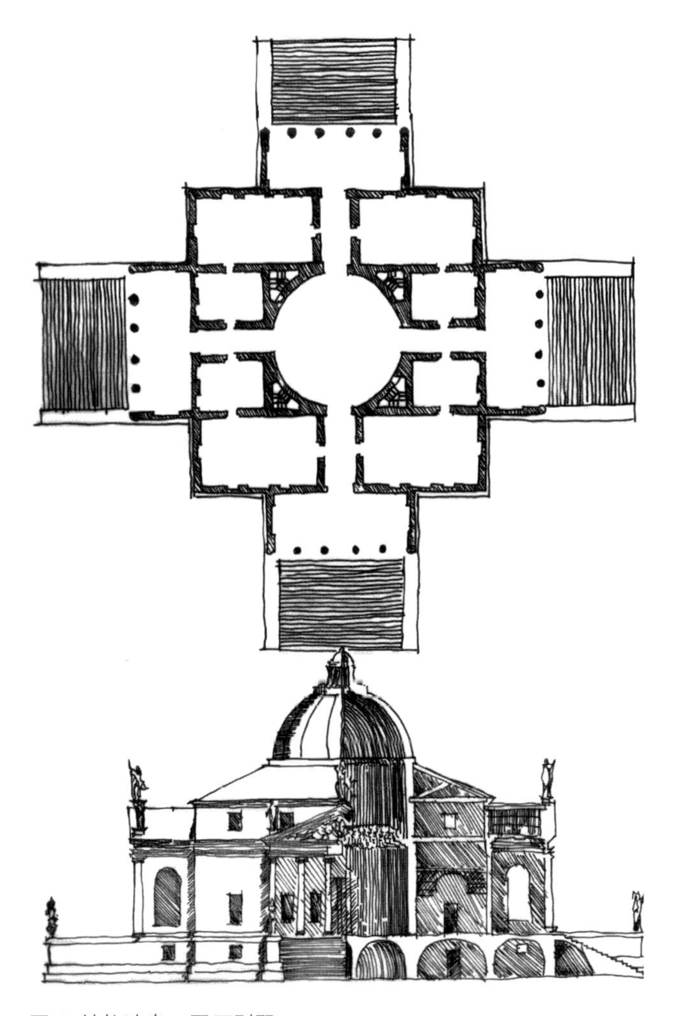

图 4 帕拉迪奥，圆厅别墅

史的。中国宋代建筑木构建筑以材为主，将材的截面大小分为八个等级，然后将材的高度划分为十五分。宋代将作监李诫所修编的《营造法式》中详述了宋代材制的详细规定，这既是一部设计规范和手册，同时也是一个施工定额和指标的规定，明确了建筑等级和制定严格的料例功限，防止浪费和贪污。清代木构建筑也类似，以斗拱的斗口为模数基准，确定了整个建筑的尺寸和样式（图 7）。日本传统建筑经常使用的模数是称为榻榻米，日本人席地而坐，传统榻榻米长宽比为 2 ： 1，大小有舍田系和京间系两种规格，分别是 5.8×2.9 尺和 6.30×3.15 尺。传统的居室 4.5—6 叠，房间的大小以容纳榻榻米的数量而定义。榻榻米规则确定了日本建筑的结构、材料和空间秩序。安藤忠雄曾经将自己的混凝土模板定为 180×90 的标准尺寸，也是榻榻米最常见的尺寸，所以安藤的混凝土又称为榻榻米混凝土。

模数指的是基本尺度单位，而建筑的其他构件的尺寸都以此为基准。模数制是在模数的基础上制定了一套尺寸协调的规则，以确定建筑及构件的尺寸，并且通过工业化大生产进行批量加工。

模数可以来自人体，也可以来自功能单元及人完成某种行为和活动需要的空间单元。例如楼梯踏面，以及材料尺寸。比如外墙高 6 米，我们可能会选用 0.6/0.3/1/1.2/1.5（单位）等等尺寸的材料来构筑外墙，这样可以充分利用材料，并且拼接整齐，但如果窗的尺寸是 1.5 米高，那么我们怎么去调整外墙材料呢？原始人盖房子

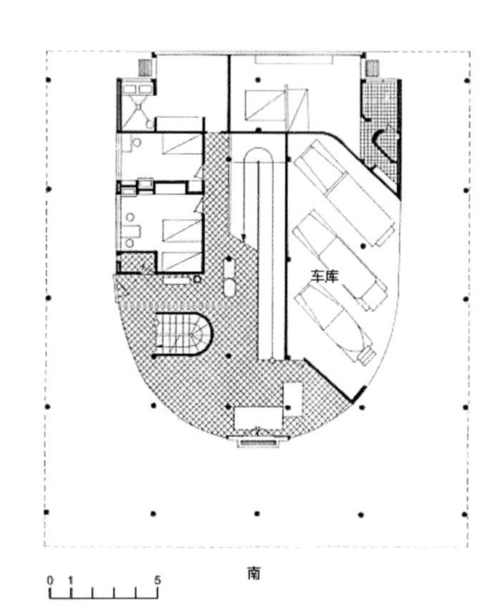

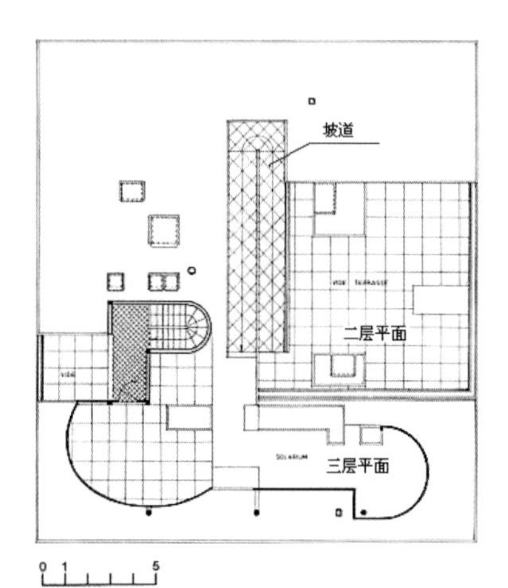

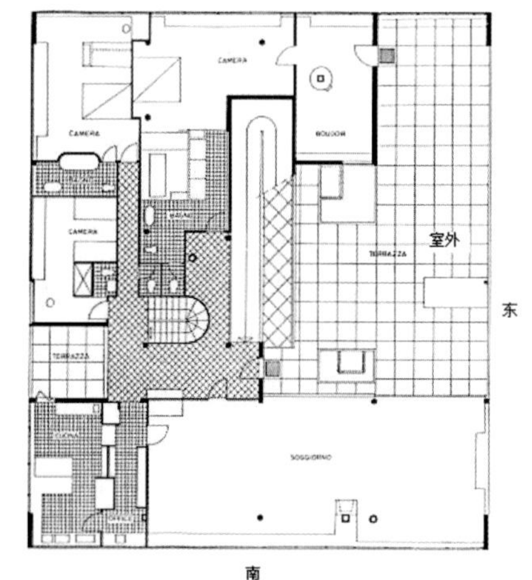

图 6 柯布西耶，萨伏伊别墅

图 5 柯布西耶，萨伏伊别墅

的时候用自己的步幅、脚、前臂和手指来量，当他用自己的身体为模数控制建筑的尺寸的时候，这个建筑合乎他的身体尺度，对他而言是舒适合用的。如今我们在建筑设计中广泛使用的单位已经和人的身体没有直接关系了。

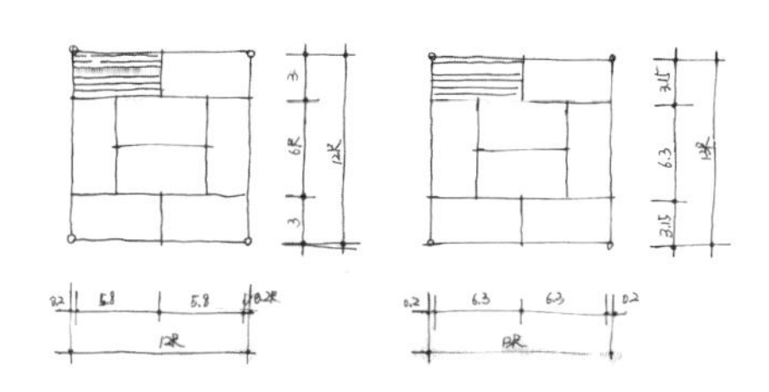

图 7 中国古代木构建筑的模数制度

柯布西耶的模数理论始于 1942 年。1948 年，他出版了《模数》一书。1951 年，在意大利米兰举办的神圣比例的国际研讨会中，柯布西耶展示了他的模数理论，得到了广泛的认可和赞赏，会上吉迪安曾说道，与过去静态的比例相比，我们的比例向更加动态的方向发展，柯布西耶的人体和维特鲁威的人体最明显的差别就是举起了胳膊。1954 年，柯布西耶出版了《模数 2》，柯布西耶在印度昌迪加尔高等法院的设计当中检验着模数理论，平面、剖面和细部尺度皆由模数来控制。

图 8 赫曼·赫兹伯格，比希尔中心办公大楼

埃菲尔铁塔是一个早期按模数施工的著名例子，当时铁塔的所有部件都是预先在车间里生产制造的。赫曼·赫兹伯格（Herman Hertzberger）设计的比希尔中心办公大楼，建筑物都是由大量完全相同的 9×8 米的单元空间组织而成，并且按 45 度角组成一种秩序的延展体，空间单元再由 3 米的走道分成四个空间领域，这四个空间具有很大的弹性和可变性，亦或是办公室、讨论室、休息室或餐厅，由使用者决定（图 8—10）。模数曾经在建筑设计过程中是一个必须遵守的规则，如果建筑设计没有模数则意味着随意和不严谨，但当今 CAD 和 CAM 系统的介入已经使建筑从电脑模型直接生产和装配成为可能，模数很可能并不是建造过程中必不可少的了，但是对于建筑理性的追求依然会在很长时间内存在。

第三节 尺度

尺度和比例是一对孪生兄弟，比例是建筑的自身属性，而尺度则是和周边环境的相互关系。尺寸是个绝对概念，尺度则是相对观念，尺度研究的是建筑物整体或局部给人感觉上的大小印象和真实大小之间的关系问题。尺度是人对建筑的估计和衡量，具有主观属性，不仅和人的感觉有关，而且和人的物理尺度有关。

日本茶室，专供客人使用的入口高度只有 0.7 米左右，宽度是 0.6 米，而且茶室内所有的建筑元素和物件尺度都偏小，一般的茶室平面大小只有两个半榻榻米（9×9 尺），还有更小的平面（6×6 尺）。日本茶室文化深受禅宗教义的影响，这样独特的入口形式是为了让每一个喝茶的人都放下俗世中的身份和地位跪行而入，这里是独立于外的一方净土，每个人都必须忘掉尘世自我。日本的茶室展现的是一种精神尺度。哥特式建筑纵向升腾，竖向的空间联系了上天和尘世。除了高和低，中国建筑空间尺度上的操作还注重开阖。从天安门至午门的空间序列就是例证（图 11）。空间尺度上的起承转合丰富了建筑的体验。例如在幼儿园或儿童游乐空间设计的过程中，我们就需要注意儿童和成人由于身高的差别而具有不同的尺度感。儿童视域和成人也有所不同，所以如果设计一些以儿童高度为参照的空间，会大大提高空间对他们的吸引力（图 12）。尺度不仅仅是建筑空间和人的关系，也是和周边环境的关系。深圳的世界之窗游乐场，大量地仿制了世界各地著名的建筑，但尺度有所缩小。无论建筑做得多么精细，这里建筑的尺度和周边环境的关系是错位的。

在学习建筑设计过程当中，尺度可能是一个非常抽象的概念，很难把握。的确，学生的设计更多地停留于图纸层面，没有建造的机会，这就造成了尺度感的缺失。通过参考线的绘制，在图纸上推敲比例关系是容易的，但是尺度感的培养需要长期的观察和总结。甚至不少年轻设计师在设计时都很难将图纸上的建筑和真实世界的尺度联系起来。有的建筑师培养了随身携带卷尺，经常积累数据的好习惯，在亲身感受尺度的同时，通过丈量而得到空间和构件的准确尺寸，两者对比有助于很快地形成准确的尺度感。在绘图的时候，建议添加一些能够提示尺度的元素，例如材料分缝，人和树等配景（图 13）。

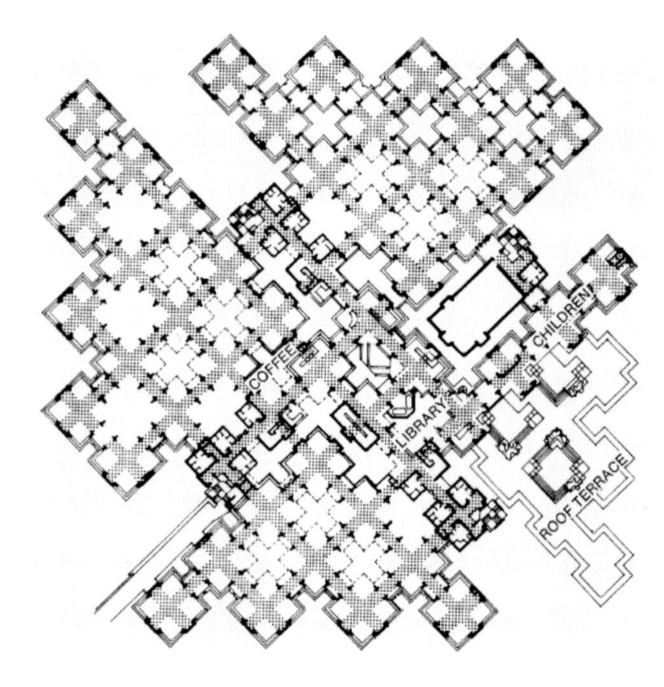

图 9 赫曼・赫兹伯格，比希尔中心办公大楼平面布局

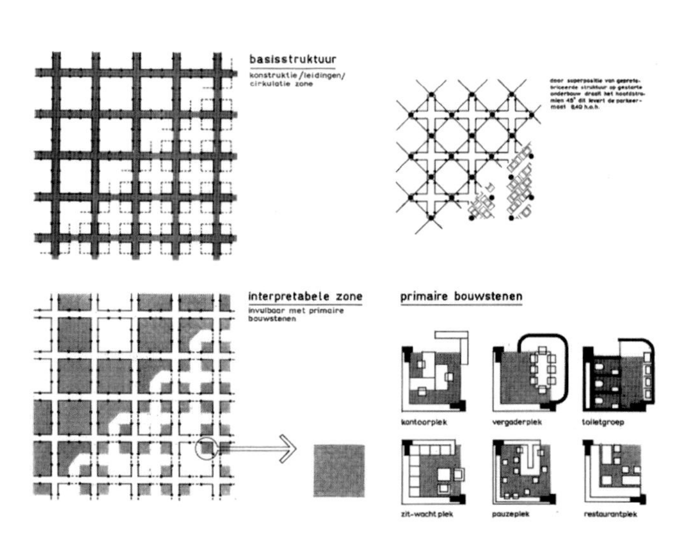

图 10 赫曼・赫兹伯格，比希尔中心办公大楼图解

图 11 北京紫禁城午门

图 12 幼儿园空间中幼儿尺度感的体现

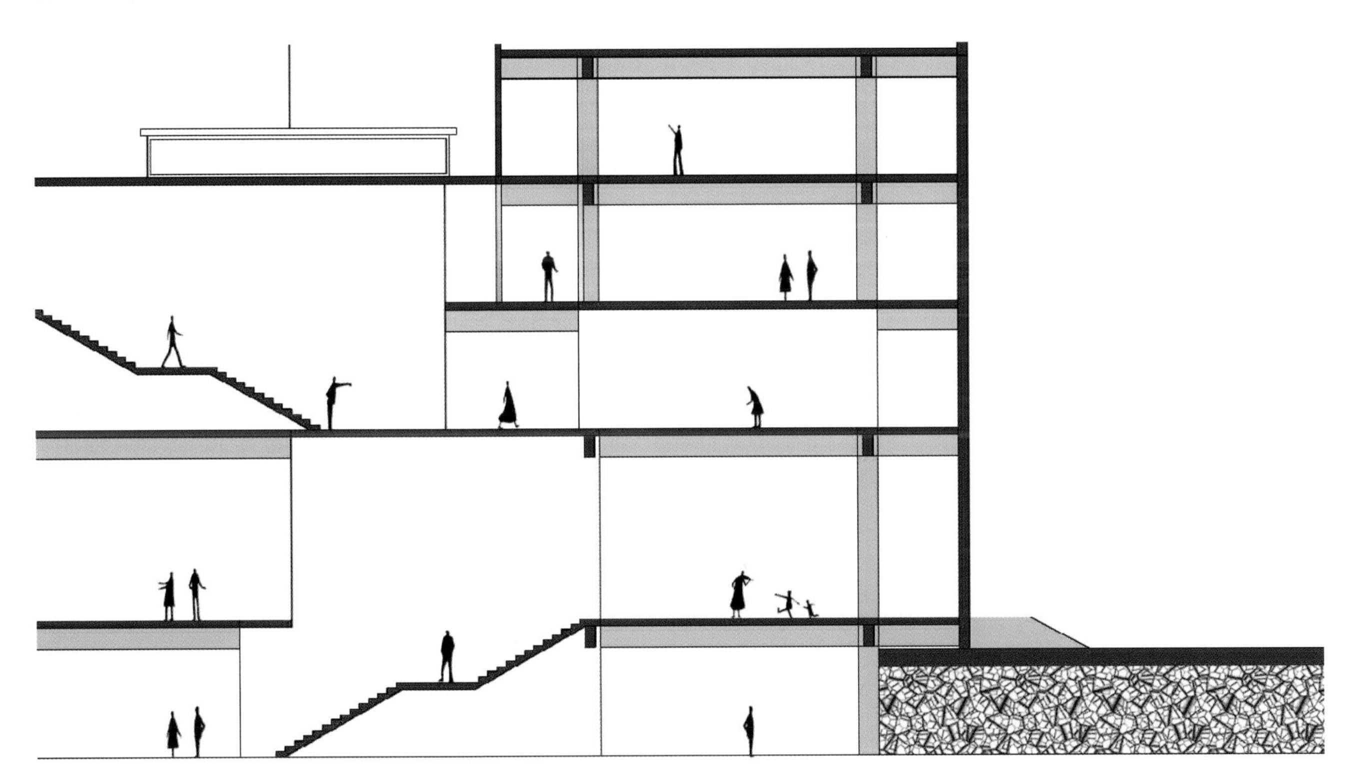

图 13 建筑图纸中配景作为尺度参照

[1] 维特鲁威著，高履泰译，《建筑十书》，北京：知识产权出版社，2001。

[2] Le Corbusier. Toward an Architecture. Los Angeles: Getty Research Institute; 2007.

[3] Le Corbusier. Toward an Architecture. Los Angeles: Getty Research Institute; 2007.

[4] Colin Rowe, "The Mathematics of the Ideal Villa" in "The Mathematics of the Ideal Villa and Other Essays", Cambridge: the MIT Press 1976.

↗ 第八章

↗ 基地和场所

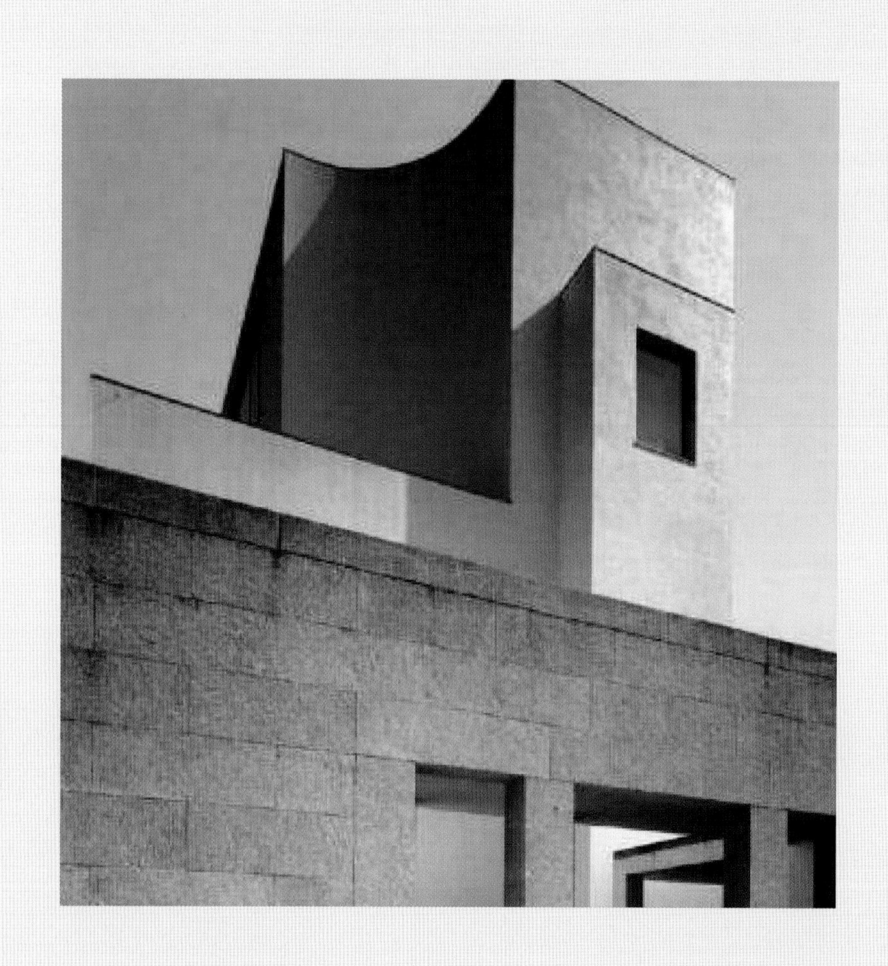

体验建筑空间和艺术品的方式有何不同？传统艺术当中，艺术品往往陈列于美术馆中被凝视，而声音、味道和触摸等各种其他体验方式都被排除之外，这种单纯的体验模式将艺术品隔离于现实世界。通过对艺术品全神贯注的视觉凝视能够激发观者和被观的艺术品之间的移情。如果艺术是不同于现实生活的另一个世界的话，我们不得不接受某种程度上的距离，距离产生“美”。建筑则不同了，对于建筑的体验是和周边环境融为一体的。我们有时会以凝视和瞻仰的方式去体验一座纪念碑或者古代宫殿，我们有时也会以一种旅游者猎奇的心态去用相机拍摄带有异国风情的建筑，并将其以图像的形式保留下来，然而在日常生活中，绝大多数的建筑是要被使用的，会折旧和磨损。这些建筑的价值不在于被观看，而是在于被使用。使用者自然而然地参与了建筑价值的塑造，同时建筑参与了场所塑造。建筑从来不可能从环境中孤立，城市中的建筑必然对周边环境、街道和城市空间节点产生作用。乡村的建筑生长于自然景观中，其形态、材料都不可避免地和景观进行对话，即使是沙漠中的建筑，例如埃及金字塔，它的简洁几何体型也和广袤绵延的天际线形成对比。建筑的精彩在于它和场地的相互作用。

澳大利亚土著人把死去的孩子用树皮包裹起来，埋葬在山崖的缝隙当中。这个山崖就成为了对他们有重要意义的场所。巨大的山体成为了一座天然的墓碑，易于识别。阴凉的山洞缝隙为尸体提供了存放的场所。让我们试想原始游牧人怎么选择聚居地？标志性的地貌、山谷、河流、水洼、树木、阴影等，既提供了生活必需的水源、庇护、瞭望和阴凉，也提供了可识别性。建筑是人造物，但空间不是。空间是连续存在的，建筑设计无非是将其分割、强调和重新组织。在设计一个建筑时，首先把它当作一个连续空间的一部分，室内与室外、街道和城市。对于外部环境的感知和操作也是建筑设计特有的专业技能，可以通过训练来提高。建筑和外部环境的关系主要有以下几个层次——第一个层次：建筑和周边场地的关系，包括场地坡度、微气候、建筑朝向和光照等环境因素的考量；第二个层次：建筑如何参与甚至主导周边环境的叙事，形成场所感。

第一节 基地环境

建筑总是作为环境的一部分出现，而不是挂在墙上的画。现阶段，建筑师主要是通过绘图来进行设计的，表达建筑和环境关系的图纸主要有总平面、一层平面和剖面。总平面表达了建筑布局和周边环境的平面关系，剖面表达的是建筑和地形的竖向关系。

基地在图纸上表现出来的是抽象的形状和高程，只有身处基地，我们才能感受到基地的姿态和起伏，以及它本身试图向我们诉说的故事。我们经常会听到某个建筑师在项目设计过程中不断地视察基地，有时甚至带上茶和咖啡坐在基地上一整天，凝望和体会，想象建筑如何从基地中生长出来。这当然是一种充满诗意的场景，然而建筑如何应对周边环境，是建筑师的一个基本功之一，需要一种理性的分析方法，这种理性分析能力是无法取代的专业能力。

场地是一个物理概念，是建筑所处的位置和周边环境，是设计的出发点。马里奥·博塔认为："每一件建筑的艺术作品都有自己的环境，创作时第一步就是考虑基地……关于建筑，我喜欢的并非建筑本身而是建筑成功地与环境构成关系。"[1]经常听到有建筑师抱怨:基地过于复杂，限制较多，无法自由布置建筑。这是个错误认识，独特的基地塑造独特的建筑，基地限制使建筑变成独一无二的。无论是可见的基地条件,还是不可见的因素，将建筑编织在其所在城市和景观当中。任何一个建筑都要落脚于一个特定的环境中，受到环境的包容和制约，在某种程度上来说，场地决定了建筑的形态。对于场地的分析和理解是设计的开始，分析内容主要包含以下几个方面：

1. 地形

基地是平地还是坡地？哪里高，哪里低？如果是平地，建筑布局相对自由，如果是坡地，则要对坡度和坡向进行仔细分析。建筑需要可达性，不光是步行可达，公共建筑还需要考虑车行可达，以及消防车抵达，所以坡度不能太陡，要寻找合适的坡度来做机动车路线，再因此设计建筑布局。建筑和坡地结合好的话，可以减少土石方工程量，减少施工难度和建设成本。场地平面里，坡度往往是用等高线表示的。等高线指的是地形图上高程相等的各点所连成的闭合曲线，垂直投影到一个标准面上，并按比例缩小画在图纸上。根据等高线可以复原场地的三维形态（图 1）。根据建筑坡度的特点，建筑可以根据等高线错层、分散和垂直布置，或以建筑形态来弥补地形的不足。

2. 景观和视野

建筑和自然相互融合，相映成趣，这在中国传统建筑美学里是一个恒久的主题，并且有一系列相当成熟的理论和方法。在明代计成所著的《园冶》中就强调应当"自成天然之趣,不烦人工之势"，"凡是建筑工程，必须先考察选择地形位置以确立地基，然后确定建筑的开间和进数；测量地形地基的宽窄，根据地形的曲直合理安排方整的庭院，这就在于工程的主持者能够得体合宜地设计，既不可拘泥于形制只顾'得体'，也不可不顾法式只追求'合宜'。"[2]中国古人对于场地的注重和操作手法可以总结为以下几个层次：首先，要保护和尊重原有的自然环境。其次，因山构室，就水安亭，将原来景观体系进行优化，通过建筑视线组织来串联景观。植被、水体甚至场地外的景致，通过组织建筑流线和视线，将这些景致纳入整个建筑体验流程中。最后,如果原有景观格局不理想，就必须进行适当改造，通过建筑和人造景观区弥补不足。

基地上的树木、水体都需要考虑进来，和建筑一起形成一个微气候。例如如果基地上有水体，那么它是什么性质的水体，在设计中如何结合？比如静水水面，水面容易形成倒影，因此其位置、大小、形状的设计与主要倒影的物体关系密切。中国传统园林里经常设计了水池，将建筑形象镜像。游客驻足池前，看到的是一个真实的建筑和一个水中的倒影，情景交融（图 2）。如果水体是自然溪流、河水和人工水渠、水道等动态水体，可以通过水渠的形状和蜿蜒来引起景致的变化，增强整个场地设计的趣味性（图 3）。

3. 周边建成环境

建筑师虽然设计的是单体建筑或者建筑群体，但是必须有更为宏观的城市观念，将城市作为一个整体去考虑。阿尔多·罗西曾经提出了"城市建筑"的概念，来强调建筑个体和城市整体之间的紧密联系。罗西指出，城市是一个庞大而复杂且不断生长的工程和作品。另一方面，城市的特征是由它们自身的历史和形式来决定的。[3]值得注意的是，我们并不鼓励建筑因循守旧，完全参照甚至复制周边建成建筑的风格和格局，也不鼓励完全无视周边环境的所谓“创新”。建筑的形态可以是完全不同的，但是它应该可以揭示城市记忆。建筑如同一个个词汇，而城市则是一个宏大的篇章。城市的历史遗迹、肌理、公共空间体系和周边建筑体量风格都是设计的先决条件，如何延续和对话，是建筑师应当考虑的问题。

4. 基地的物理环境

基地周边的物理环境包括风、噪音和日照。建筑有时会改变周边环境气候，反过来也对建筑使用产生影响，例如很多高层建筑之间会形成较强的气流。一般情况下，建筑设计中希望引进夏季风，而阻挡冬季风。噪音也是经常要考虑的问题，尤其是住宅、学校或医院等建筑，当基地附近存在着噪声源的时候，建筑尽量远离，如果无法远离，可以设置障碍物来弥补，例如防护林和草坡。

5. 规范与法规约束

任何国家的规划体系都会对于建筑基地的设计有一系列的规定和制约，防止建筑破坏城市环境，过度增长，例如建筑退让、防火间距、日照间距、高度限制等等。退让距离指的是拟建建筑距离规划所规定控制线的距离，项目性质和用地情况决定了每个建筑的退让距离。建筑需要后退道路红线一定距离，减少建筑对街道的压迫感。绿线是指各类绿地范围的控制线，包括公共绿地和防护绿地等，拟建建筑不得侵入绿地范围，也不得改作他用。蓝线指的是河道工程和水体的保护范围控制线。除此之外，建筑设计还需考虑其他退让

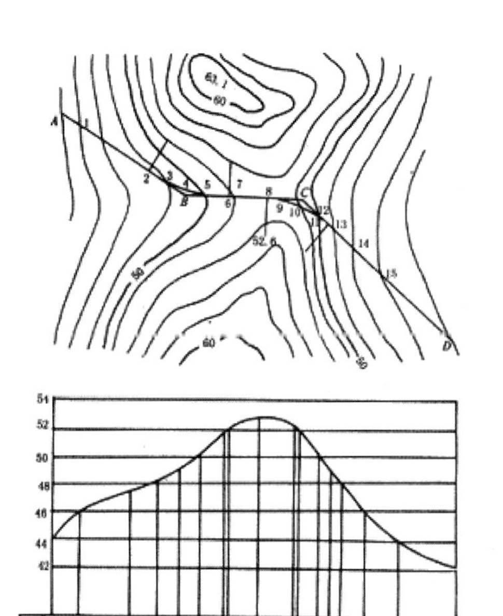

图 1 等高线

图 2 苏州拙政园中的水景

图 3 场地内水景的趣味性

条件，例如地下管线或高压电线。大多数城市规定了建筑的限高，以防止城市过度扩张，根据城市整体风貌的研究和容量的测算，来合理地规定建筑事宜的高度。一般规定建筑不得高于多少米，称之为限高。限高往往和退让间距相互联系的，建筑越高退让得越远。防火间距是指建筑之间必须满足一定的距离，防止在火灾情况下火势扩散。日照间距是指建筑之间必须保证的距离，以至于建筑有足够的日照，而不相互遮挡。国家对于某些功能的建筑，例如住宅、幼儿园、医院病房、养老建筑等等有着详细的日照规定，以满足这些房间的正常日照。

以上罗列了基本上建筑设计项目经常会涉及的基地条件，在设计实践中，我们也需要有条理成系统地对基地进行这些考察，并且以基地分析图的方式进行梳理和总结，以便为下一阶段的设计提供依据。这里我们以一个山地建筑的项目为例，看看基地分析是怎样协助和触发设计概念的。

首先我们需要通过等高线地形图来还原地貌，这个基地是位于一座高达 100 米的山上，基地内坡度较陡，对于地形地貌的分析必须先于建筑布局的思考，否则无法保证设计的合理性和可实施性（图 4）。为了保证建筑的可达性，我们根据坡度来计划机动车路线。如果要将道路坡度控制在一定范围之内，我们得出了道路最佳的路线。虽然不够直接，但是大部分道路顺应等高线缓的区域上山，保证了坡度不大于 6%（图 5）。这样的道路布局将整个基地分为两个片区，结合等高线考虑，我们了解山顶上一片坡度较小，而山腰一片坡度相对较大。本项目拟建一个度假型酒店，主要分为两部分：酒店的公共服务及集中客房片区和私密客房片区，前者要求可达性好，基地相对平整，这样能够满足公共区域相对复杂的人流和物流动线，避免过多地面高差给住客带来的不便；后者相对私密，可以采用小体量别墅方式布局，更适合于坡度较大的地块，适当的坡度反而有助于形成空间的私密性和归属感。经过这样分析后，整个项目的分区就确定下来了。之后，我们来进行细化的功能分区。在山顶的公共服务及集中客房区，根据酒店的特点，需要将餐饮及 spa 等功能放置在视野较好的区域，集中客房视野要求并不高，可以通过庭院景观来解决。这样通过现场考察，我们认为基地的南边视野最为开敞，并且能够看到远处的海景，就确定了公共服务区在南侧，集中客房区在北侧。同时，私密客房区，我们采用了小体量建筑，顺着等高线布置，形成了错落的建筑轮廓线，并且在视野最好的几个节点，我们设计了公共的观景平台和亭。在这个项目设计过程中，对于地形视野的分析具有优先权，要在设计的初级阶段就确定下来，否则其他所有工作都是无用功。环境分析不是设计的附属工作，而是基点和出发点（图 6—9）。

第二节 场所叙事

理性和系统的基地分析是设计阶段必要的准备步骤，它可以保证建筑的合理性和合法性，并且激发一些设计策略的形成，但并不保证能够催生一个感人的建筑。一座好的建筑还需要创造一种场所感，场所感往往才是建筑设计的灵魂。挪威建筑学家诺伯格 - 舒尔茨的《场所精神——迈向建筑现象学》中将建筑的场所精神当作人居环境的核心内容进行讨论。他认为场所是由自然环境和人造环境所结合的有意义的整体，具有自己的独特气氛，场所所聚集到的意义构成了场所的精神。只有当人理解了场所和环境的意义时，他才定居了。[4]场所精神可以与归属、神圣、亲切、感动和震撼等心理活动联系在一起的。建筑往往就如同一个故事，通过空间体验的逐步展开，唤醒内心的诸多情感和感受。

我们可以通过雅典卫城两个最为经典的建筑帕提农神庙和伊瑞克仙神庙来分析两种西方建筑史上主导的场所叙事手法（图 10—12）。这两座神庙是卫城现存建筑中最为重要，也是给人印象最深的。两座建筑都是来标榜雅典战胜了波斯的战争，但是它们和场地的关系，以及形成场所叙事的手法却截然不同。帕提农神庙是一座具有革新性的建筑，尺度巨大，并且两种柱式混用，但我们仍然能够看出它是一种强韧的传统延续。统一的形式感、雕塑般的体量、建筑四周的围廊弱化了建筑正面和侧面的区分，强调了界面的连续性和完整性。当从山门进入卫城时，我们看到的是这个建筑的角部，而不是正面，这可以看出建筑师设计神庙时，考虑到了它的观景角度，而舍弃了建筑正面的两维特性，而以三维体量的方式去考量。整座建筑竖立在基地最高的位置，并且立于高台之上，凌驾于整个卫城甚至整个雅典之上，占据制高点。整体连续的柱廊立面使这座建筑从雅典城区观望仍然是一个完整的体块（图 13—15）。

基座将帕提农神庙像一座艺术品一样从基地上抬高，这座建筑建立了一种超脱的新秩序，而伊瑞克仙神庙却是以一种并置和杂糅的手法揭示基地已经有了的特征，似乎是纪念性建筑传统的革新。伊瑞克仙神庙所在的地块有诸多不可忽略的场地特征，传说中雅典娜种植的橄榄树，以前在火灾中颓坏的古神庙的遗址（图 16），以及巨大的高差，建筑中还要摆放一座木制的雅典娜的神像。整个建筑化整为零，几个不同的体块和院落来放置这些遗址，建筑的体量也高低错落地放置在高差上。如果说帕提农神庙象征着理想化的城邦权威和民主，那么伊瑞克仙神庙则将圣地与城市古老的记忆糅合在一起。帕提农的考古挖掘并没发现有任何宗教活动的痕迹。一般情况下，神庙外部入口会有一个祭坛，而帕提农连这个也没有。伊瑞克仙神庙跟不少宗教活动和城市的过去连接起来，原有仪式有一部分是在游行的人群进入卫

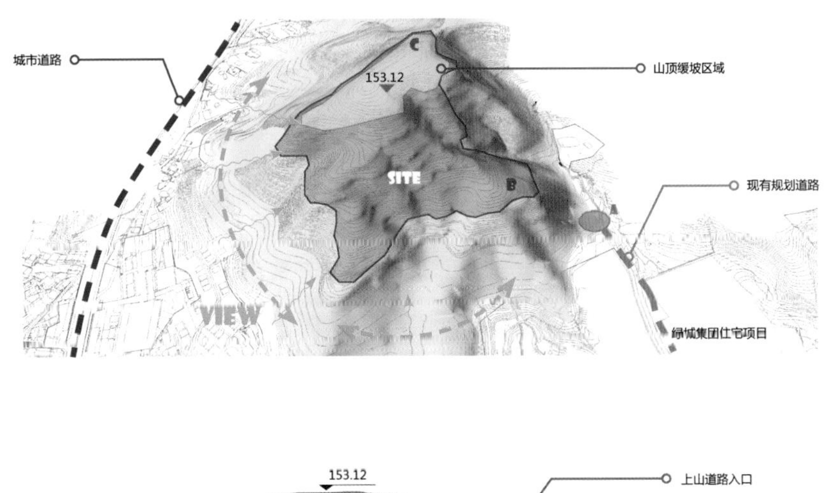

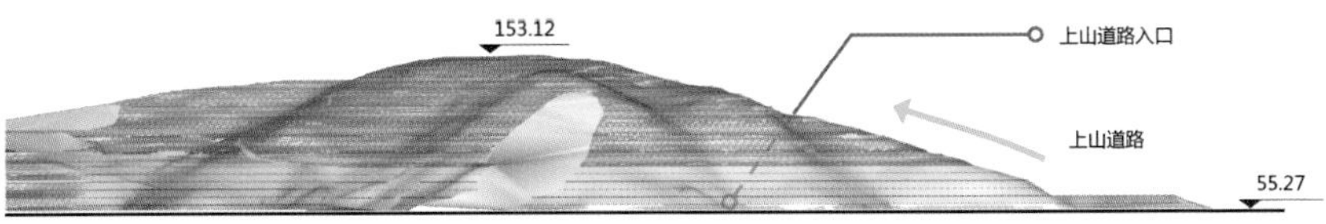

图 4 利用等高线还原地形

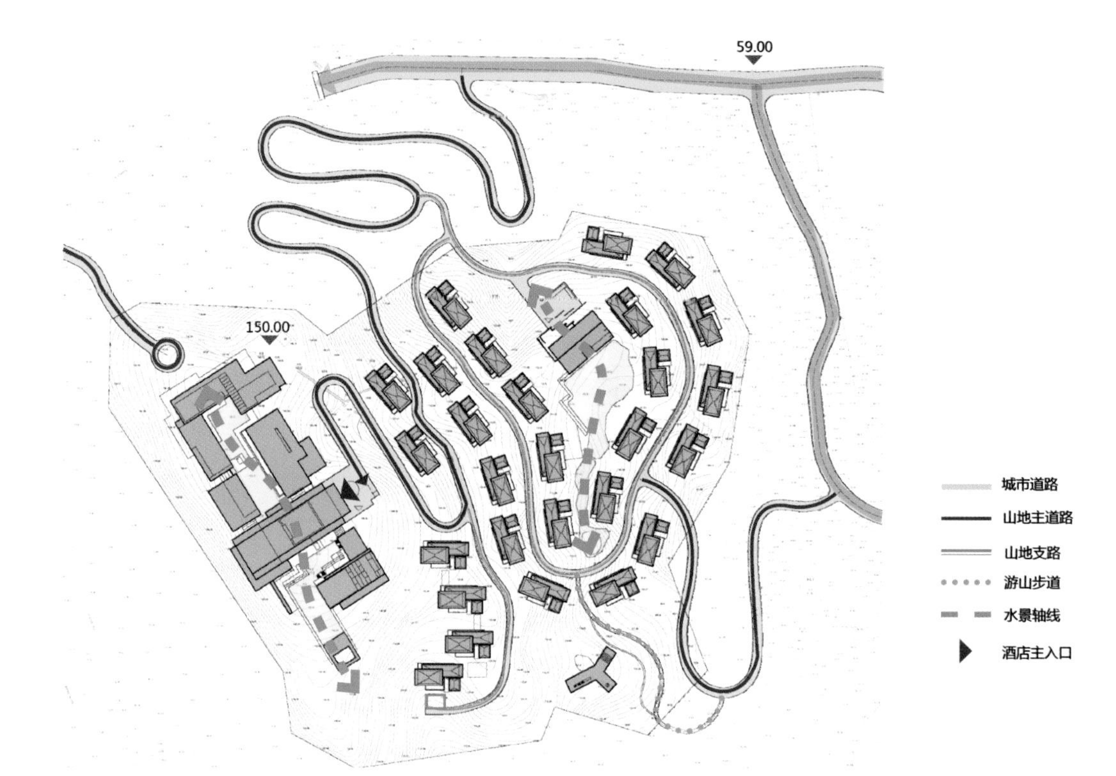

图 5 通过坡度计算获得较合理的机动车路线

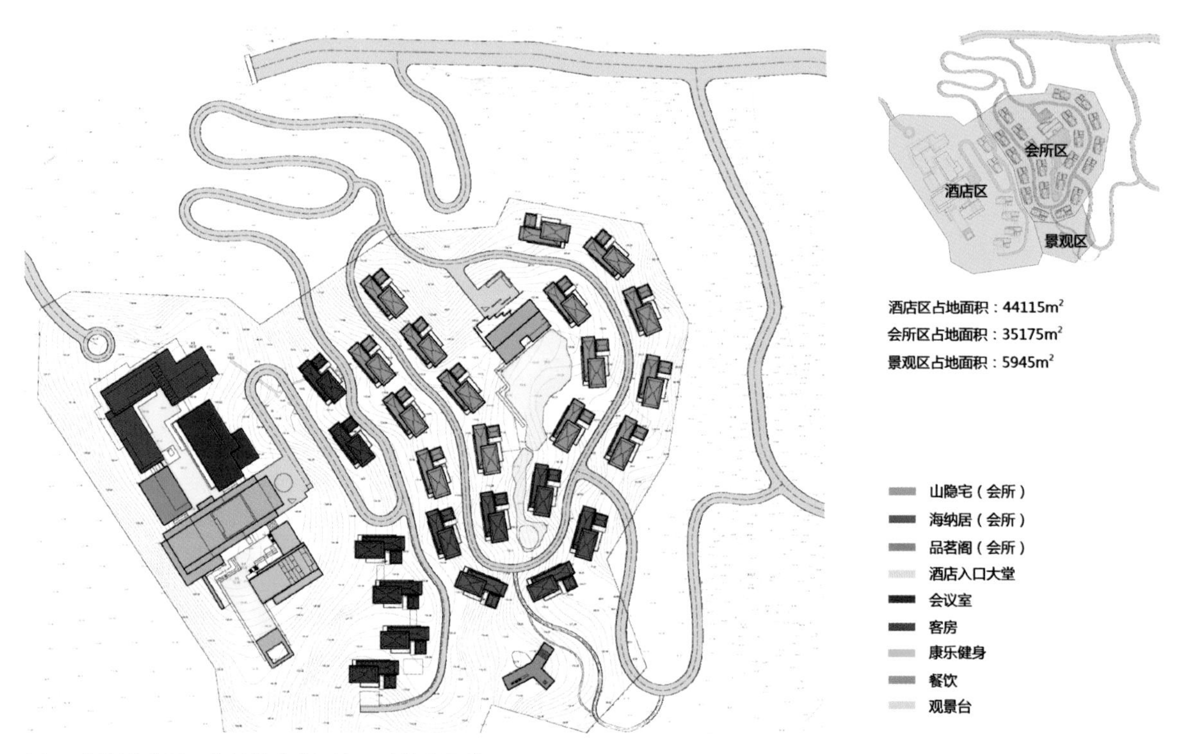

图 6 道路形成后，将基地分为两个可建筑片区线

图 7 项目设计意向线

图 8 项目设计意向线

图 9 项目设计意向线

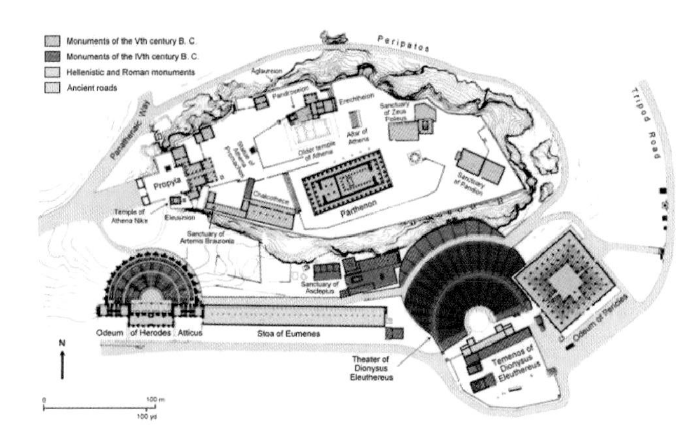

图 10 雅典卫城总体布局

图 13 雅典卫城入口处看帕提农神庙

图 11 雅典卫城总体布局

图 14 雅典卫城入口处看帕提农神庙

图 12 雅典卫城举行仪式的场面

图 15 雅典卫城入口处看帕提农神庙

图 16 雅典卫城焚毁的老神庙基础位置

图 17 从山门入口处看伊瑞克仙神庙

城以后，将编织的袍子献给这座雕像。长时间以来，建筑学经历了巨大的变革，但在诸多建筑作品中，我们仍然能够看到场所叙事方式的延续：建立一种主导场地的新秩序，或是揭示场地已经有的记忆（图 17—19）。

卫城式的布局对后世的建筑设计有着深远的影响，无论是直接还是间接。通过对葡萄牙建筑师西扎的作品分析，我们可以看到这种传统的延续。西扎设计这个项目位于距离波尔图不远的小镇，其中包括一个礼堂、一座殡仪馆、一个主日学校以及牧师的住宅。当人们从火车站下车后抬眼便可见到这座教堂的屋顶露出于树丛之上，但是却无法探知确切的路径，于是在行进的过程中视线无时无刻不在捕捉建筑的轮廓，最终来到它的脚下。这座建筑的产生并非出自一种单纯因素的影响，而是复杂的多种因素的相互影响。

在整个圣玛利亚教堂洗礼堂以及其下面的殡仪馆的设计中，对空间的塑造有两方面的因素。首先是周围环境，即有形的因素，也是西扎在设计中首先考虑的因素；其次是无形的因素，也是对这个方案起主导作用的因素，即宗教以及文化传统的影响。在建筑的布局方面，建筑师塑造了一

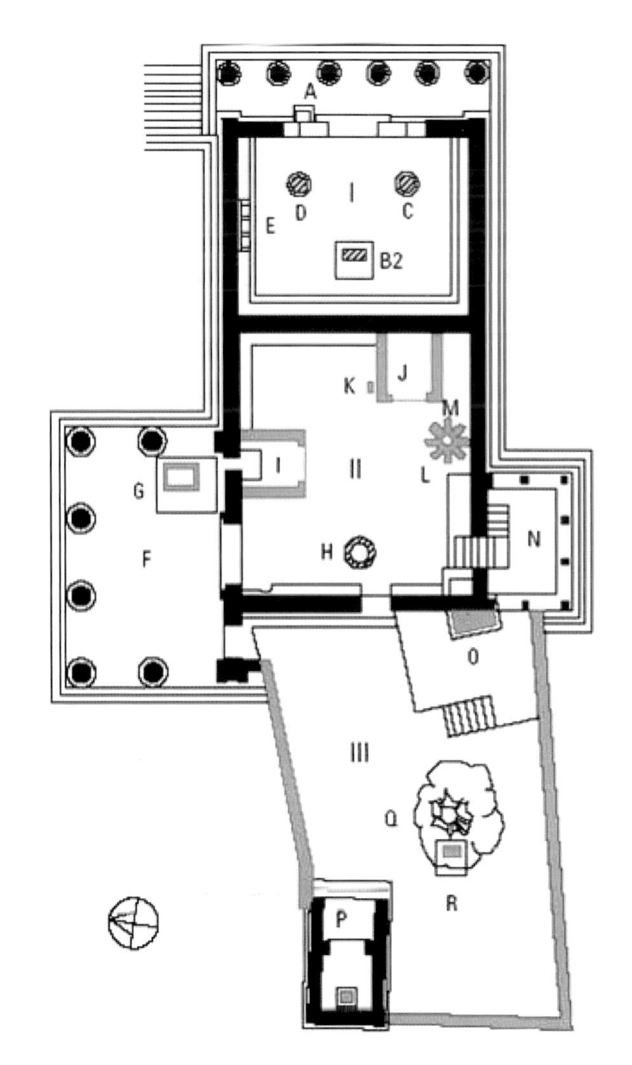

图 18 伊瑞克仙神庙平面

种类似雅典卫城的城市景观，当然这是和这座建筑所位于的基地有关。整个基地局限性很强，首先地势有高差，而且基地的形状十分不完整且呈现不规则形状，紧挨着一条繁忙的公路，同时基地深陷于杂乱无章且质量糟糕的建筑之中，除了一座还算端正的老人院建筑与一座优美的小教堂外，周围也没有什么能够提供强大存在感的建筑。于是西扎努力地限定一个场所，使建筑本身成为足够强大的存在，以弥补周围环境的不足。这个宗教综合体从直观上看来是分为上下两个部分，上面散落的白色体块主要是为信徒提供集会场所，包括教堂、学校以及牧师住宅；下面的土黄色由当地特产的石材所建造，基座部分其实是殡仪馆的部分。这个基座的作用在于处理基地上的高差，使得建筑的主要形体能够坐落于其上凸现出来，同时使其远离杂乱的街道。按照建筑师的话来说就是“……这种台地的感觉意图造成一个‘人造景观’的外在形象……”。这是一种类似雅典卫城的设计。这样的设计所造成的结果便是“基座的出现成为了与上部白色体量明亮且具有的几何简洁性形成了必要的对比，在一天的某些时候，教堂看上去很抽象和纯净，而在其他一些时间，它则在天空的映衬下十分醒目，也正是因为如此，我们才必须要选择一个基座将其锚固在地面上”。对于在路上行走的人们来说，他所见到的景象则是一个一层高左右的灰黄色石台上耸立着明亮的纯白色雕塑般的体量，同时水平向感觉的基座与竖直向的建筑也形成了比例上的对比，这一系列明暗以及尺度上的对比，将教堂从周围杂乱的环境中烘托出来。有了一个强大的基座，建筑师又继续在上面布置其他建筑。这个层面上的布局利用了一大一小两个不十分严格的“U”形来限定出中间的公共空间。大的“U”形是由主日学校与牧师住宅所形成的，小的“U”形是由洗礼堂以及钟塔的体块所形成的。大的“U”形体量紧贴着基地靠西远离道路的一侧，嵌入基地与周围建筑间的空地；小的一个则贴在东南侧基座直插靠近道路一部分。不规则的形状以及周围建筑的门廊等等空间可以形成丰富的空间感受（图 20—24）。

很多优秀的建筑作品都源于建筑师对于场地状况的对应以及对于场地叙事参与的方式。这种能力是要长期的体会和领悟才能够达到的。我们初学者需要做到的是通过不断的训练和细心体会逐渐培

图 19 伊瑞克仙神庙立面

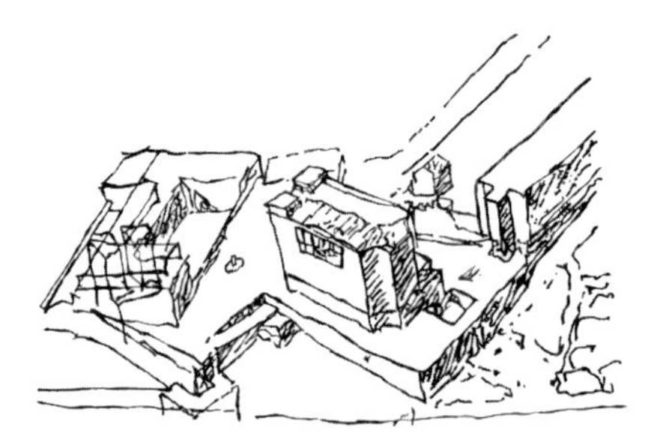
图 20 西扎的设计草图

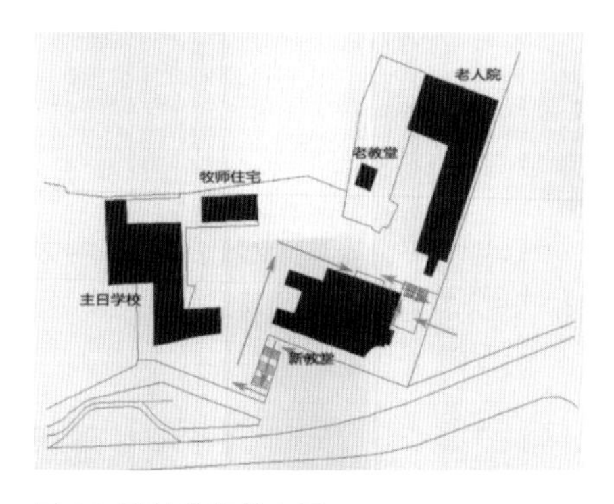

图 21 建筑的整体布局

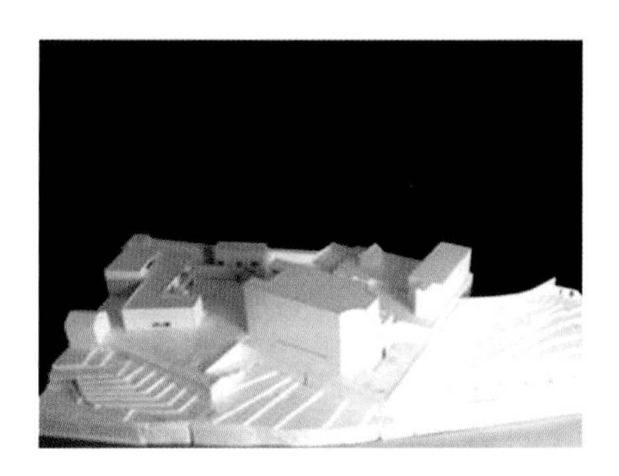
图 22 建筑的整体布局

养一种对于场地的敏感性，通过设计实践来总结一系列应对不同场地的策略，将建筑编织进周边环境的网络中，建筑才能有坚实的根基植立于大地之上。

图 23 圣玛利亚教堂

图 24 圣玛利亚教堂

---

[1] 支文军、朱光宇著，《马里奥·博塔》，大连：大连理工大学出版社，2003，第14页。

[2] 计成原著，陈植、园冶注释（第二版）北京：中国建筑工业出版社，2009。

[3] 阿尔多·罗西著，黄士钧译，《城市建筑学》，北京：中国建筑工业出版社，2003。

[4] 克里斯蒂安·诺伯格-舒尔茨著，施植明译，《场所精神——迈向建筑现象学》，台湾：田园城市文化事业有限公司，1995。

第九章

课程设计一：灯具设计

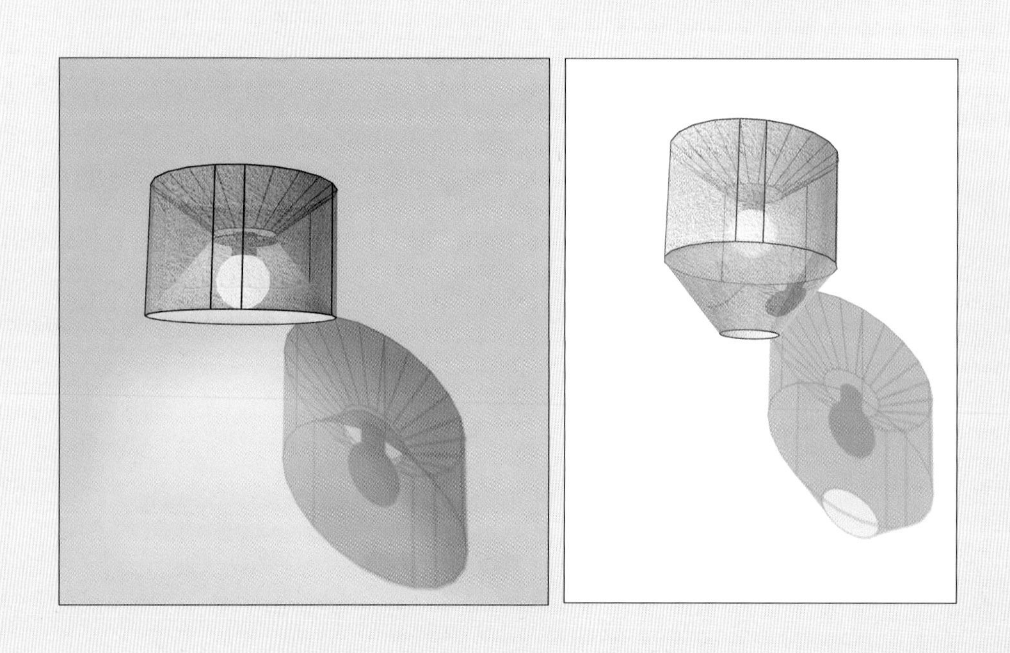

一、作业目的

这个作业的主要目的是要求学生从日常生活体验出发，针对性地对灯具的使用功能、材料和结构等方面有所思考，而且需要学生分析整合材料、结构、功能之间的关系，并充分考虑人的行为习惯与灯具的相互影响。

1. 在结构、建造可行性的基础上，加深对材料本身特性以及同种或不同材料如何组合使用的理解。

2. 在方案设计时，通过对材料、光影的理解，设计出特殊的结构形态，从而满足特定的功能需求。

3. 通过整个课程设计，熟悉一个方案设计及制作的过程。

图 1 通过灯罩构件控制光的形态

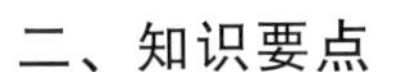

二、知识要点

1. 效果

光源可以分为点光源、线光源、面光源。每一种光源所产生的发光效果是不一样的。点光源理想化为质点向四面八方发出光线的光源，光线发散性较强；线光源可以看成是无数个点光源在一条直线上的集合，光线的方向感更强；面光源与点光源是相对的，我们将点光源放大就形成了面光源，面光源光线的均匀性更好。对于灯具而言，灯泡决定了灯具的光源形式，但是灯具的形态与材料可以改变光线射出的状态，从而间接改变光源形式。比如点光源在经过半透明的磨砂玻璃时会变成面光源，又比如面光源在经过细长的缝隙后会变成线光源，因此，我们可以通过灯具的形态与材料控制光的形态来塑造我们想要的光照效果（图 1）。

图 2 利用灯具构件形成特殊的阴影效果，Hilden & Diaz 设计的树影吊灯。

阴影总是在背光一侧，光源直射时阴影最短，斜射程度越大阴影越长。遮挡物与光源越近，阴影越大；越远，阴影越小。对于灯具设计来说，遮挡物常常就是灯具本身，当我们需要特定的光影效果时，常常将灯设计成特定的形状来满足我们对光影的要求（图 2）。

灯具的照明方式可分为直接照明与间接照明，直接照明光照较强较直接，间接照明光经过一次反射，光照会相对减弱但分布均匀。

2. 材料特性

用于制造灯具的材料种类繁多，常见的有金属、木材、纸等。

木材有很好的力学特性，其顺纹抗拉和抗压强度均较高，但横纹抗拉和抗压强度较低。木材易于切割，可加工成木条、木板、木块等多种形式，用特定的加工设备可以将薄木板进行弯曲（图 3、4）。金属材料相比木材易于弯曲，强度大，有一定的反光性。金属材料常见形态有金属板、金属条（金属丝）。纸类材料大多具有自重较轻、易折叠的特点。在灯具设计中，常配合铁丝、木材使用（图 5）。常用的有羊皮纸、瓦楞纸、宣纸、绘图纸、韩纸。羊皮纸透光性较弱，光线散布较均匀；瓦楞纸不透光，强度较大，可做支撑结构；宣纸透光性强，纸张较薄，易破损；绘图纸透光性适中，折叠效果较好；韩纸具有韧性高的特点。

图 3 木板加工成的灯具

3. 结构形态

结构形态主要分两部分：一部分是结构支撑体系，另一部分是部件之间的连接方式。 对于灯具来说，我们可以先将其分为灯座、灯臂、灯罩三个部分，然后在设计中为了满足不同的使用功能与结构形式对这三个部分进行删减与改变。举例说明：图 6 所示的灯具设计中，木材做的一个 L 形的支架，其结构特点是把灯座形态弱化（与灯臂结合在一起），将灯的固定位置放到了桌子侧边，从而减少了占用桌面的空间；同时，把灯罩部分前伸，为桌面提供最大的采光。图 7 所示的设计中，这两个方案结构特点在灯臂上，采用了滑轮系统，利用绳子来调节灯泡的高度，满足不同的采光要求。图 8 所示的这款灯具的最大特点在于灯架部分可以随意折叠，产生各种不同形态，可以形成书支架及杂物架等。图 9 是一款名为 Roly-Poly 的不倒翁木质落地灯。它打破了传统灯座结构稳定的特点，将摇摆的概念植入到灯具设计中，这对于灯具结构设计是一个新的尝试。图 10 中，这款灯具的底座是个多面体结构，通过多面体不同面作支撑来调节灯的照射高度。

图 4 木杆件加工成的灯具

金属连接方式主要有焊接和螺钉铆接，铁丝类的金属可以通过钳子扭结在一起。对于木材来说，主要的连接方式有胶连接、钉连接、螺栓连接、卯榫连接等方式。

（1）胶连接主要用于实木板的拼接与榫头榫口的胶合，常用的胶为乳白胶。胶连接优点是操作简单快捷，缺点是耐水性差，长时间胶易老化（图 11）。

图 5 纸质材料制成的灯具

图 6 L 形支架灯具

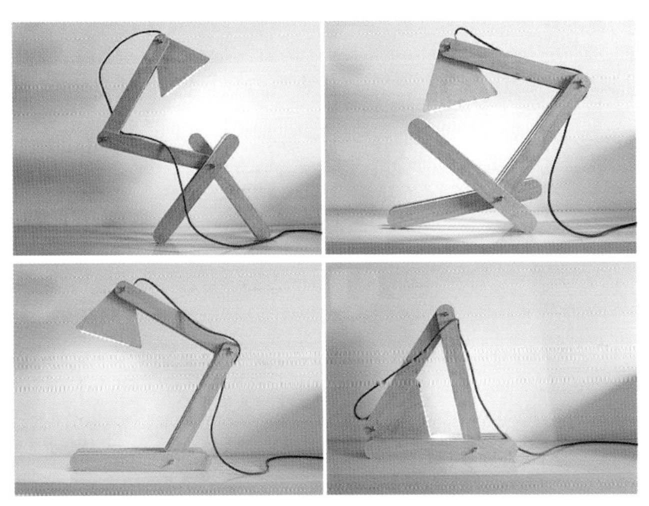

图 8 支架能够收缩的灯具

图 9 Roly-Poly 灯具

图 7 采用拉索滑轮系统的灯具

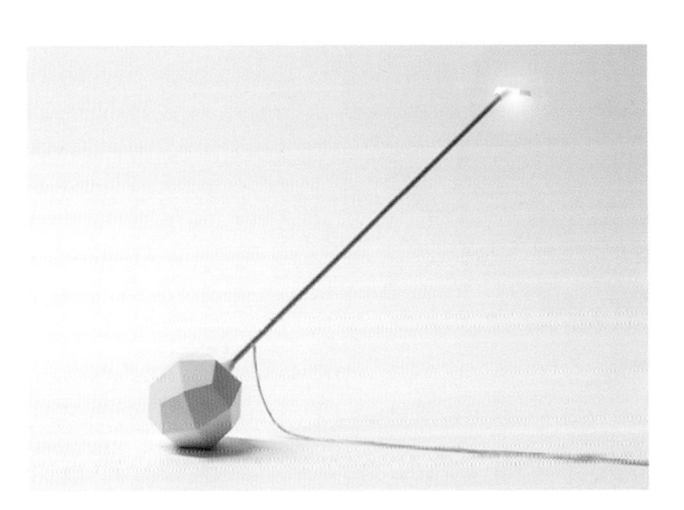

图 10 Arihiro Miyake 设计的多面体支座灯具

（2）钉连接主要是通过钢钉的植入来固定两块木材。这个可以直接钉到木材里形成固定连接，也可以在两块木头之间加入铁片，形成活动连接（图 12）。

（3）螺栓连接常用于两个较薄的木材之间。在连接件上开口，插入螺栓后在另一侧拧上螺母（图 13）。

（4）榫连接是木制品传统的结合方式，它主要依靠榫头四壁与榫孔结合来固定杆件（图 14）。

三、案例分析

Lumio 创意书灯，是建筑与工业设计师 Max Gunawan 的作品。它由黑胡桃木、杜邦纸和可调光的 LED 模块共同构成。打开书本灯光开启，合上则关闭，Lumio 可以完成多种创意变形，有台灯、落地灯、吊灯、壁灯等等。创意的趣味性在于书本与灯这两个不相关的概念的结合。在材料选择上，纸的质感与灯光的结合既让我们感到惊喜，又不显得生硬，书的开合与灯的开关配合得也相得益彰（图 15）。

日本设计师三宅一生设计的“in-ei”灯具。这是一款可折叠的灯具，设计师运用了可持续的设计手法。这个设计的名称是从日语音译过来的，在日语中“in-ei”的意思是“阴影”、“遮蔽”和“细微变化”的意思。这只灯具全部用折叠布料制作，展开后就形成了一个大灯罩，利用布料的折叠以及透光的属性形成多层次的结构形式以及规律性渐变的光影效果（图 16）。

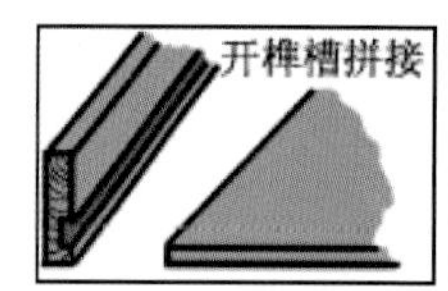

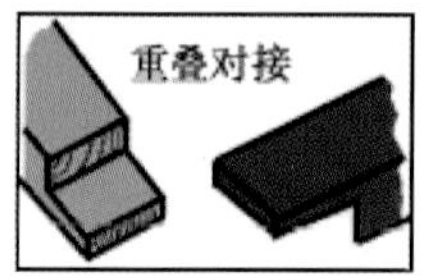

图 11 常见木材胶合方式

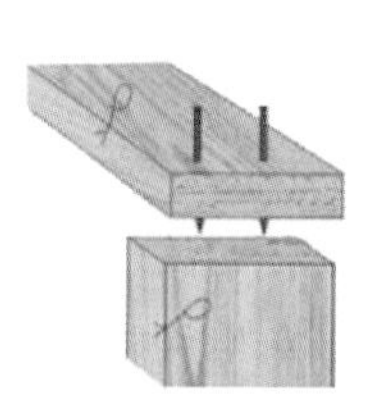
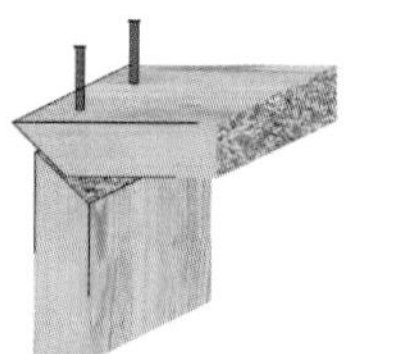
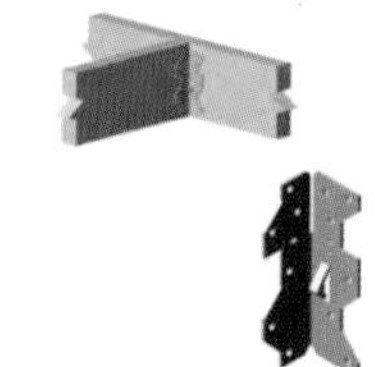

图 12 常见木材钉合方式

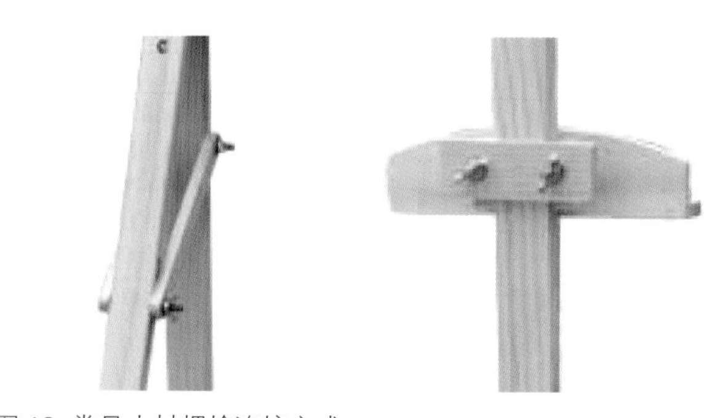

图 13 常见木材螺栓连接方式

图 14 常见木材榫卯连接方式

四、设计过程

（1）方案前期构思：找到一个方案设计之初的概念（结构、使用），并以草图的形式进行方案表达。

（2）方案深化设计：在原有概念基础上，选取适当的材料、灯光、结构来表达这个概念，并对这个概念方案的其他可能性进行讨论。

（3）细部设计：细致考虑形体各部分的连接及模型的承重结构体系，可绘制部分节点图及支撑结构图。

（4）实体模型制作：据方案设计图纸规划好模型制作步骤（之前要计算好材料用量，可列一个预算表）；对材料进行加工切割（要协调好加工步骤，并能在加工过程中重新思考方案的设计，体会材料、结构对一个模型的影响，并适时地反馈到方案设计中去）。

图 15 Max Gunawan 的作品，书灯

图 16 三宅一生，“in–ei” 灯具

五、时间安排

第一周：

（1）任务书介绍；

（2）讲述生活中与模型制作中常见的材料种类、特性以及使用方法；

（3）光影在设计中的应用，光对物体空间的影响；

（4）结构种类与连接方式（结合案例分析）。

第二周：

（1）绘制方案初期概念草图；

（2）针对方案的材料、结构、加工方法进行具体设计（包括选定材料的具体加工方式，结构连接方法等）；

（3）绘制简单方案概念草图（比例自定，可配文字说明，要求能清楚表达方案）。

第三—四周：

（1）绘制灯具节点细部图；

（2）模型制作。

设计草图表达，包含部分概念推敲图、方案分析图及绘制节点详图以及结构承重部位图纸（比例自定，可配文字说明，要有大概的尺寸标注）。整理设计模型制作步骤，按照设计步骤及设计图纸制作模型（在制作过程中可根据实际情况调整设计图纸），并对模型制作过程进行拍照（表达清楚制作过程），模型制作完成后拍摄照片。

第五周：

（1）设计排版；

（2）评图。

设计排版包含草图设计、节点设计、模型制作过程、成果展示四部分。

六、成果要求

（1）A2 图纸 1—2 张（格式详见案例），主要包含以下四个方面内容：

· 概念设计—设计说明（以概念为主，要配有文字或其他说明方式）

· 草图与节点设计（草图要标有大概尺寸，节点设计主要表达结构连接方式）

· 模型制作过程记录（表达清楚制作过程即可）

· 模型成果照片

（2）实体模型（1 ∶ 1）

课程设计——灯具设计

方案设计一

设计说明

这款灯具的概念来源于灯笼，我希望设计出一款可以在房间内灵活放置的灯具，与此同时，这款灯具应该能有更多的使用方式，因此，我用铁丝做了一个特殊的造型，并利用韩纸柔韧性的特点，设计了一个可以变换的灯罩。设计的特别之处在于可以调节光照强度与照射效果以满足不同情况的使用。

概念方案表达

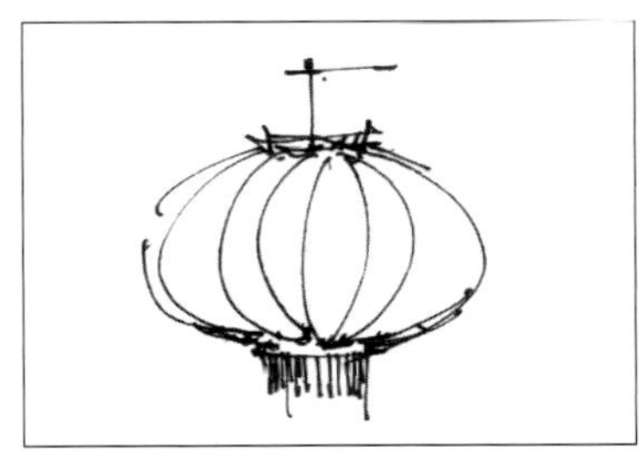

概念灵感来源——灯笼，方便携带

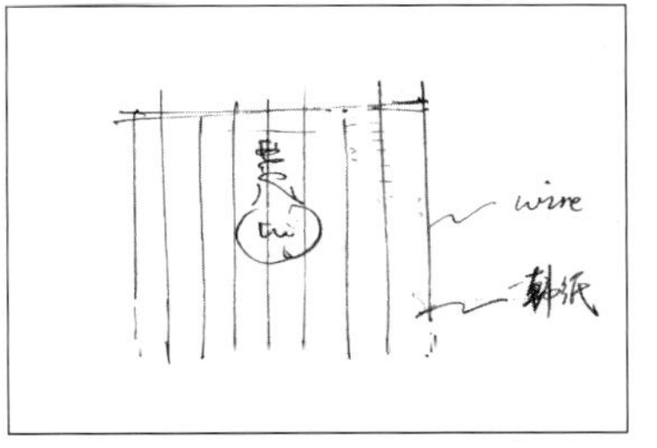

规整灯笼形态，可变为床头灯

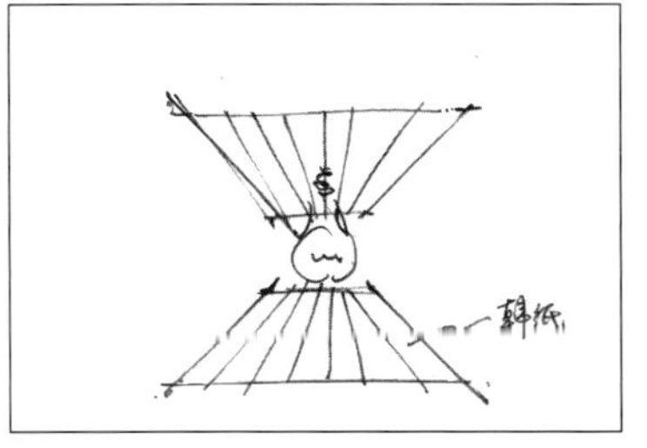

加入灯罩元素，可以悬挂变为射灯，增加使用多样性

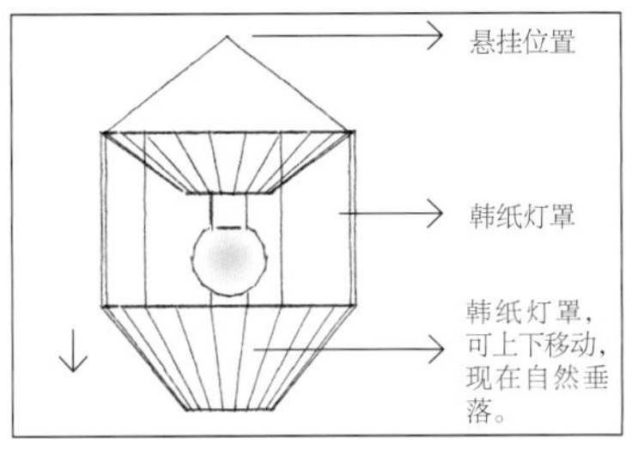

将两种灯罩结合，形成多功能灯

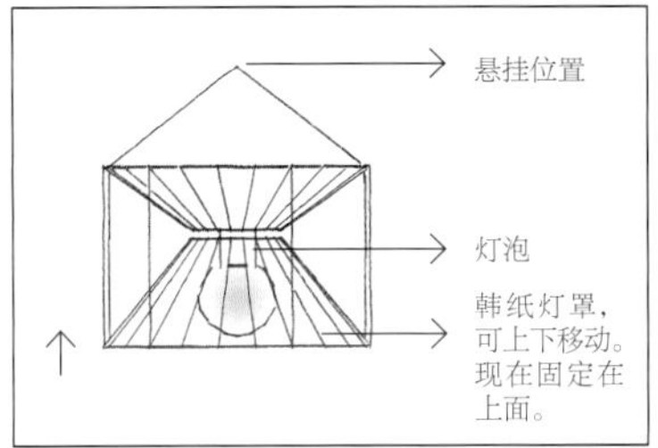

变换方式

方案以铁丝作为整个灯的结构支撑部分。将灯罩上移固定，灯光会垂直射下，灯具挂在天花板上可以作为射灯与照明灯；将灯罩自然垂落，灯光会透过韩纸微弱散射，挂在墙壁上可作为壁灯或床头灯。

细部草图

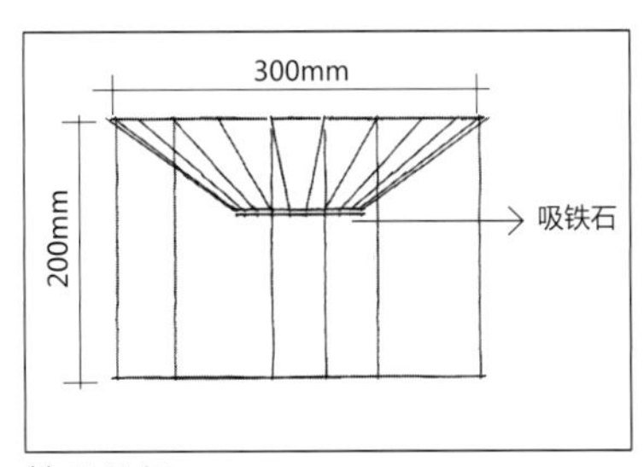

铁丝骨架

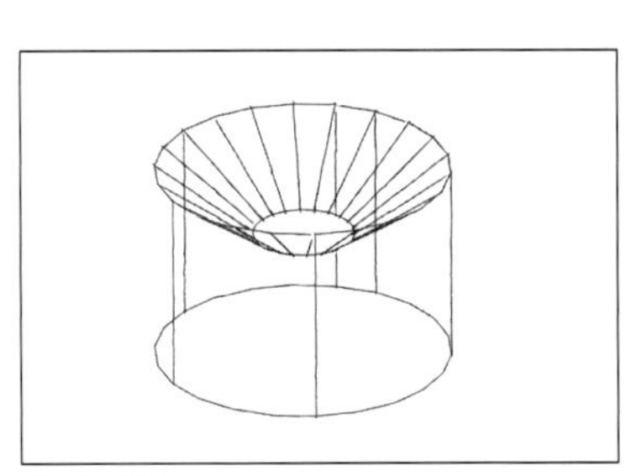

铁丝骨架

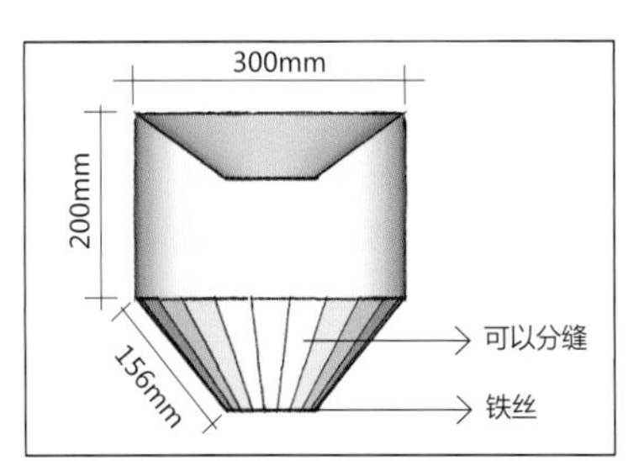

韩纸灯罩

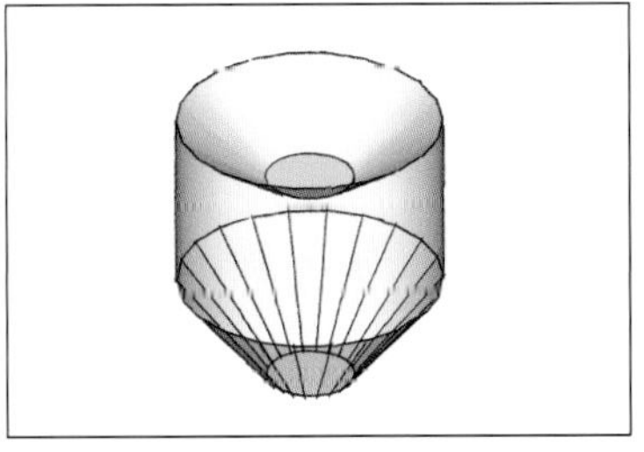

韩纸灯罩

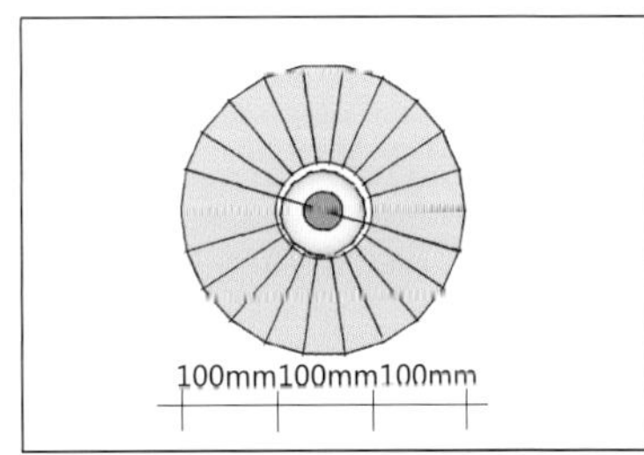

顶视图

设计的关键在于可上下移动的韩纸灯罩。设计在韩纸灯罩的最下端固定上一圈铁丝，在上端顶部安装上吸铁石，这样自然状态下铁丝的重量会拉着韩纸自然垂落，而向上一推，吸铁石会吸住铁丝，从而固定灯罩。

班级： 姓名：

成果图

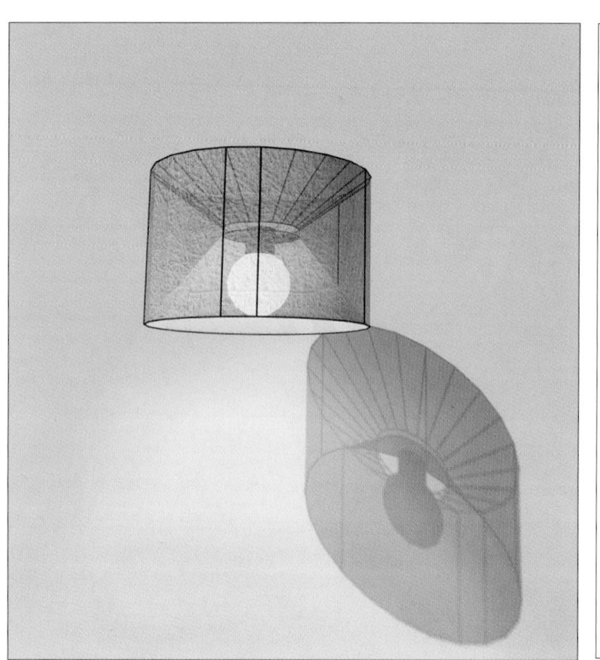

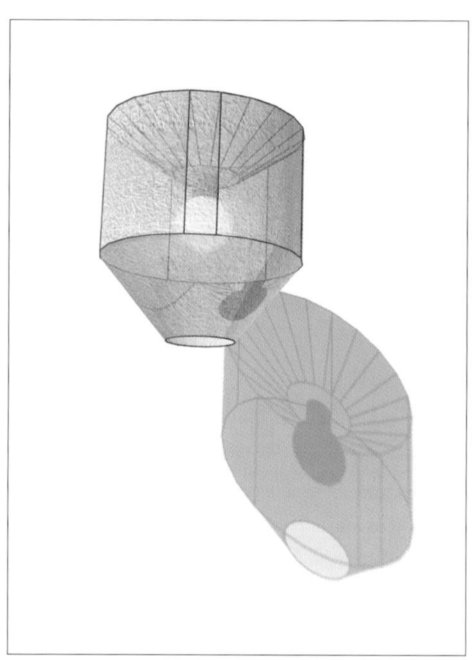

成果图

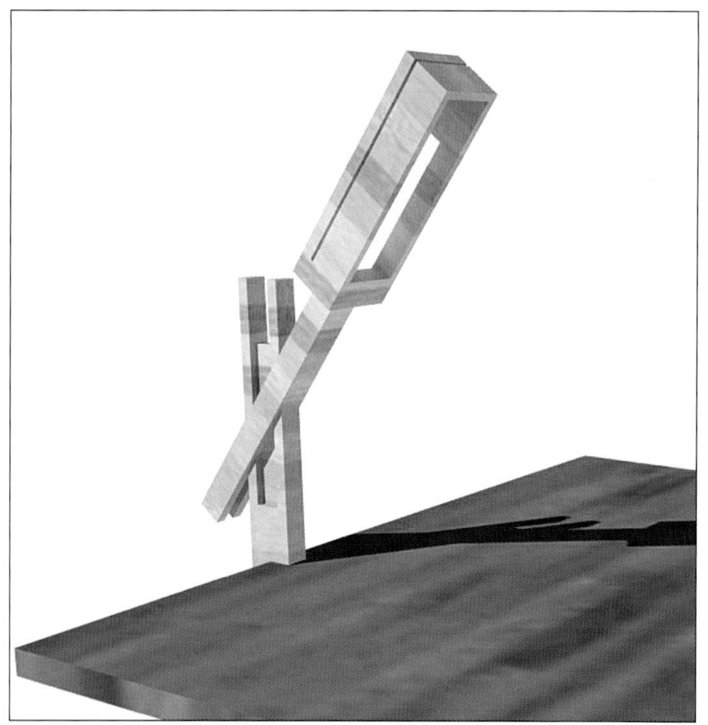

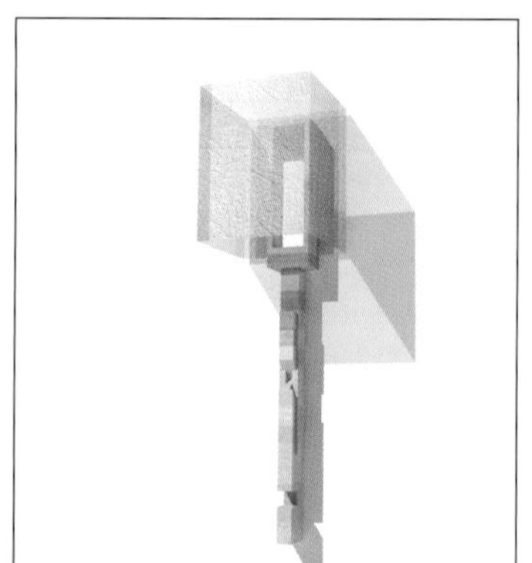

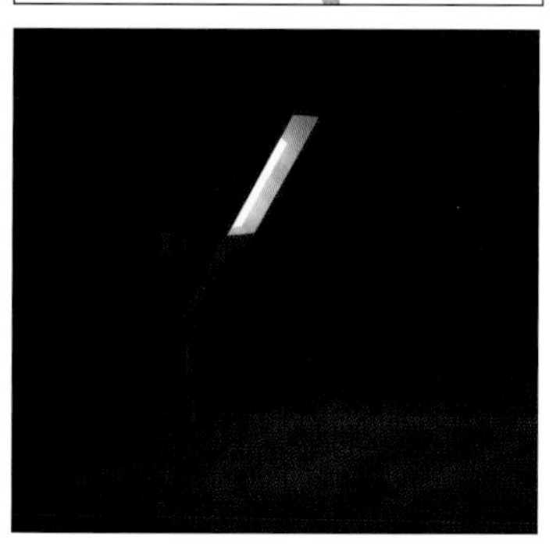

班级：　　姓名：

课程设计——灯具设计

方案设计二

设计说明

这款灯具的创意来自对木材榫结构连接方式的变形应用，榫结构是木材的一种插接方式，具有很高的灵活性。因此，我希望设计的灯具使用起来也具有很高的灵活性，可以通过结构插接到室内的各个地方，从而使灯具有更高的利用率与使用价值。

概念方案表达

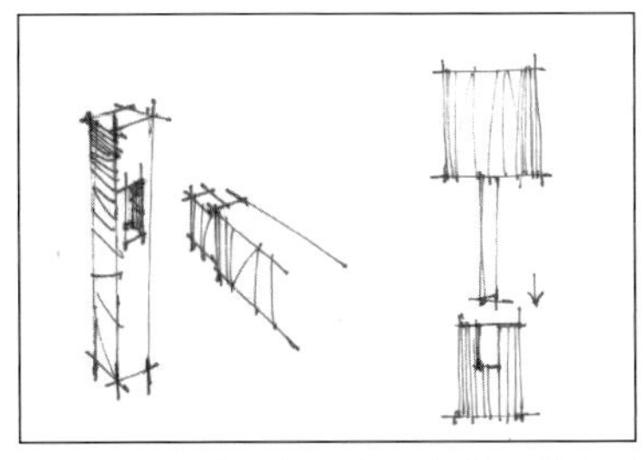

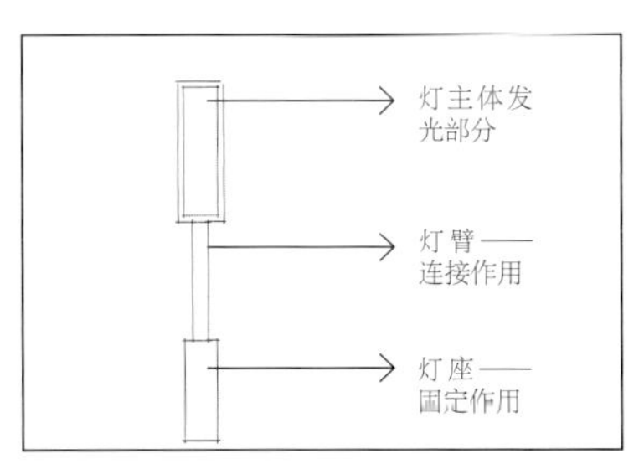

灯具的灯座可以安在墙上或桌上，纸质灯罩也是可以灵活拆卸的。设计将灯臂与灯座以插接方式组合，灯臂可以垂直插接在灯座上变成壁灯与普通台灯，也可以斜插在灯座上变成工作台灯。

最初概念来自卯榫结构的插接，将灯臂灯罩部分与灯座分离，以插接的方式结合

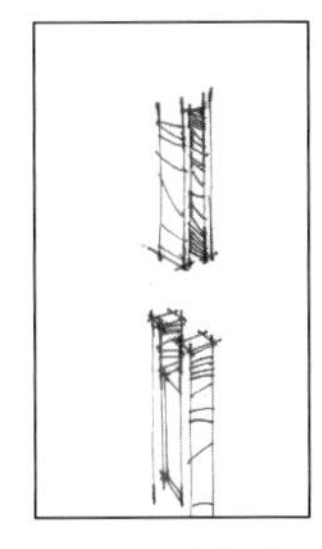

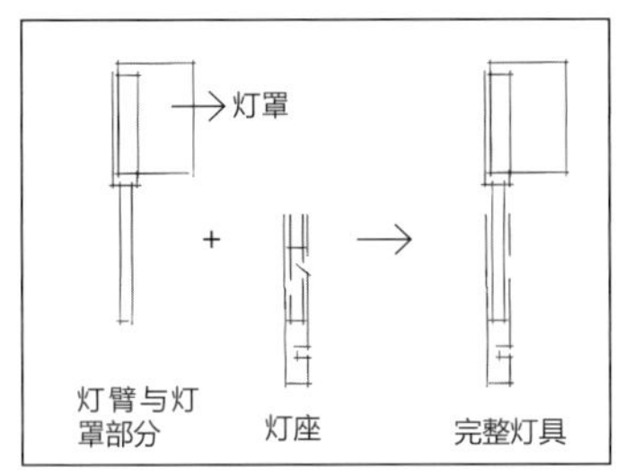

重新设计插接的方式，使插接更稳定更方便

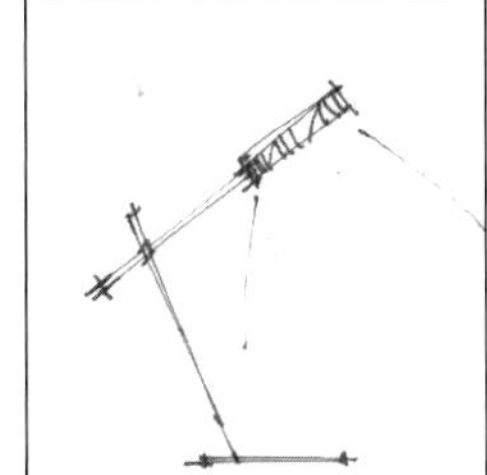

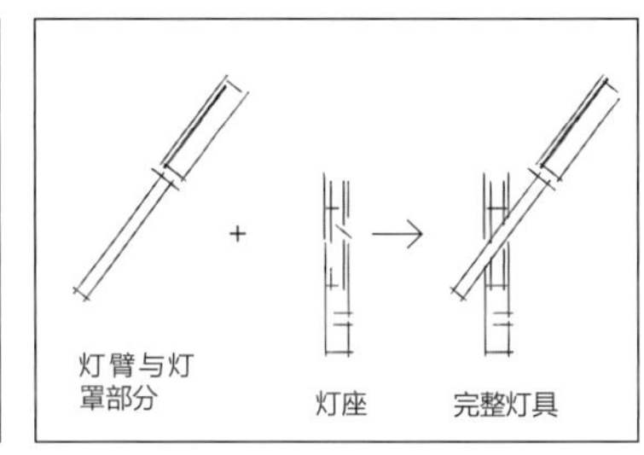

引入台灯概念，多角度、多位置插接，满足不同使用功能

细部草图

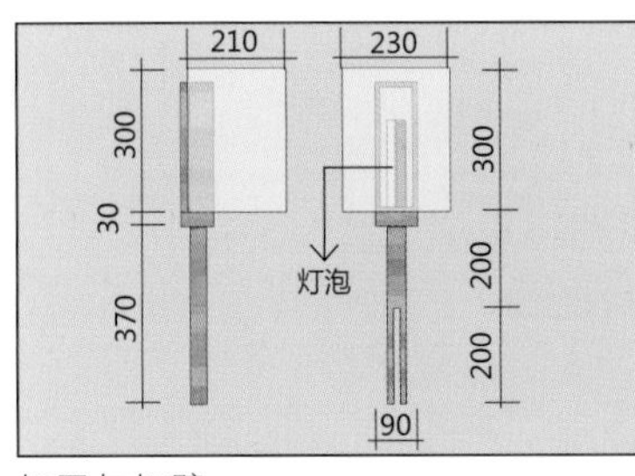

灯罩与灯臂

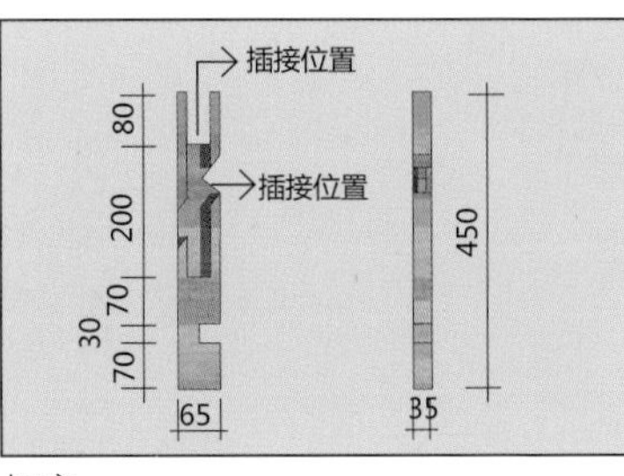

灯座

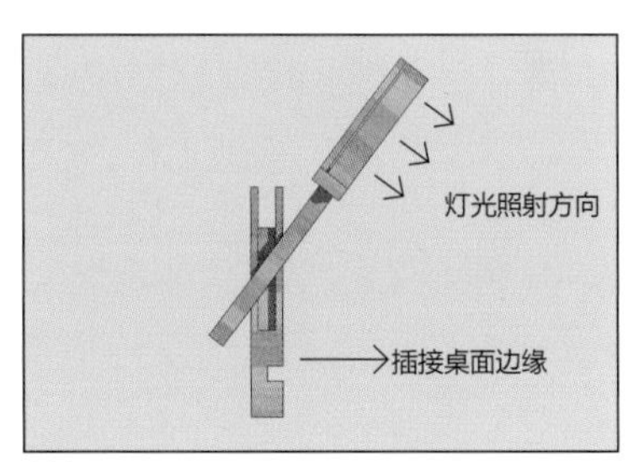

斜插

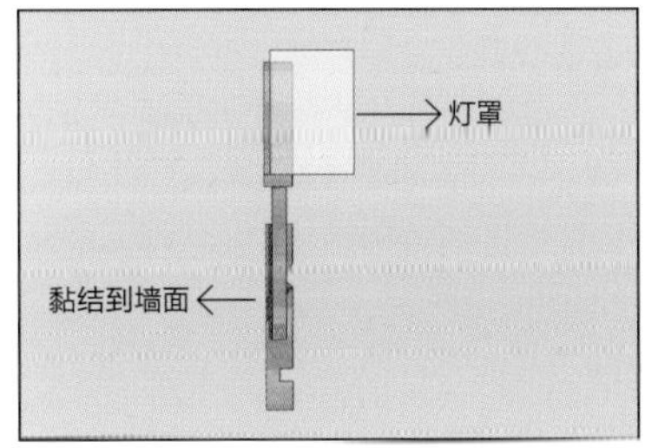

垂直插接

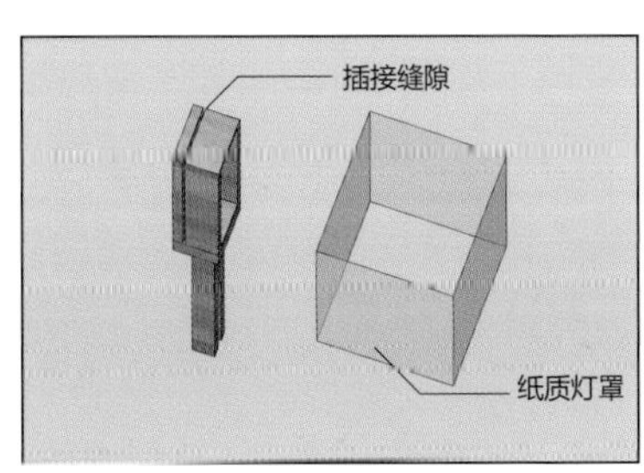

纸质灯罩与木质灯罩插缝拼接

班级： 姓名：

第十章

课程设计二：坐具设计

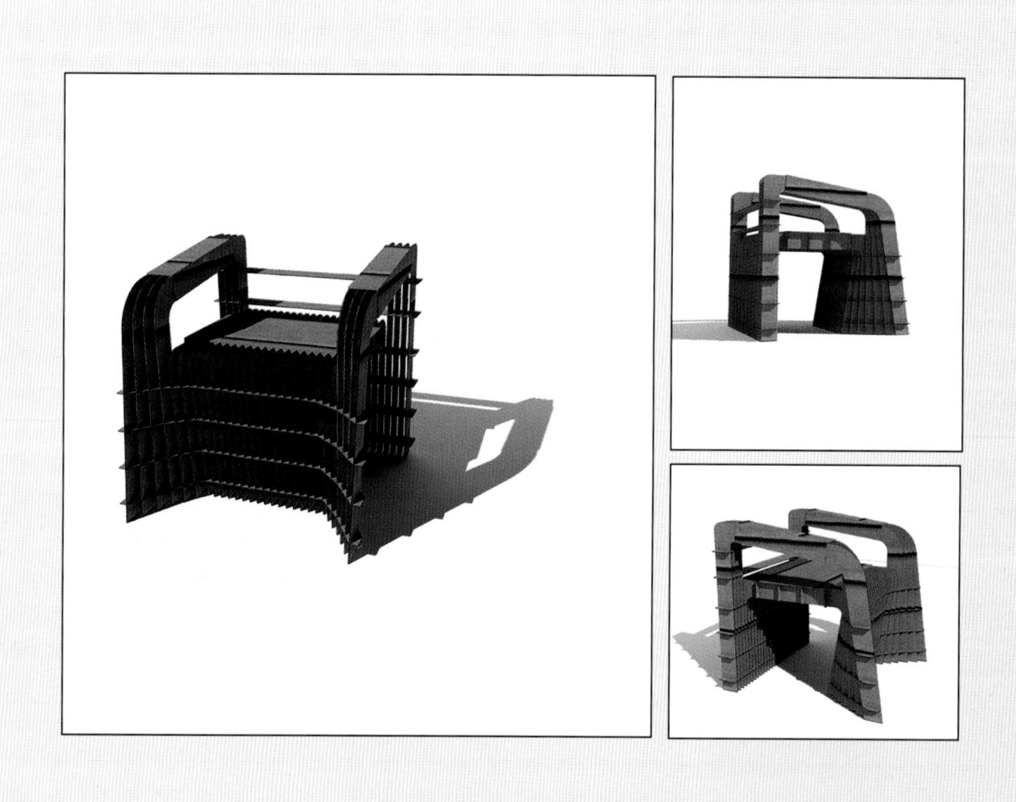

一、作业目的

相比于灯具设计对简单的结构形态、材料与光影的研究，这个作业设计在保留了对材料、形态研习的基础上引入了复杂的结构体系与人体工程学等内容。这个课程设计的两个关键点就是座椅支撑结构的坚固适用与使用的舒适性。座椅的支撑结构首先要满足承载人的体重，然而这并不是最终目的，我们更希望发挥不同支撑体系的最大可能性，例如用最简单的结构做出椅子或其他区别于传统座椅的方法。对于舒适性的理解，我们希望学生在了解原理后从实践中总结、体会，而不是简单地照搬课本上关于舒适尺寸的数值。

（1）通过模型实验与压力测试，掌握材料力学特性与加工方法，并对各种结构形式承压与稳定性有初步了解。

（2）在方案设计时，通过对椅子舒适度测试了解身体尺寸与椅子各部分尺寸关系等人体工程学原理。

（3）在满足结构强度及使用舒适性基础上，使椅子设计有一定的形式美感。

二、知识要点

1. 材料选择

为了对学生作业有统一的评判尺度，我们决定对学生的材料选择做出一定的限定。在对多种材料进行考察之后，建筑设计师弗兰克·盖里的瓦楞纸家具提供了一个不错的材料选择，瓦楞纸具有一定的强度，并且可以折叠切割成多种形态满足椅子对于舒适性与坚固性的要求。瓦楞纸分为单瓦楞纸板和双瓦楞纸板两类，座椅设计一般用 3 毫米厚双瓦楞纸板（可根据实际情况选择宽度）（图 1）。

2. 结构形态

瓦楞纸板作为支撑结构的结构形式主要有三种，第一种是黏结式，第二种是插接式，第三种是折叠式。

黏结式

顾名思义，黏结式结构是将薄纸板层层相叠黏结起来形成一个体块，达到承重目的。黏结式结构的承重能力最好，操作简单，但其费料最多，对结构逻辑性的锻炼不足，对于学生作业来说，不做推荐（配合其他结构形式使用或能满足特定的功能需求除外）。可以先将每块瓦楞纸板切割成不同形状，再按顺序进行黏结形成座椅，设计的一大亮点在于充分考虑座椅的使用舒适性，设计时将每块板进行不同形状的切割，利用瓦楞纸板黏结的模式形成适合人坐的弧面的座椅；另一特点在于将内部瓦楞纸板掏空，减轻椅子自重。弗兰克·盖里设计的 Easy Edges 家具系列之一，设计将多条流畅的曲线瓦楞纸板黏结成一个整体性座椅，并通过外弧的几个接触点将力传导到地面，从而提供稳定的支撑（图 2）。

插接式

插接式结构是利用纸板开槽进行插接，其优点是结构重量更轻，并且可以拆卸。它能使力均匀地传导到每个插接点，为椅子提供支撑。插接式结构常与折叠式结构配合使用。所示的椅子整体采用一种简约的 L 形形态，椅面与椅背采用人体工程学的曲面设计，配合每块瓦楞纸板圆润的剪裁，使整个椅子具有一种沙发的形态与舒适性（图 3）。

折叠式

折叠式结构类似于小时候玩的折纸，将纸板折叠成座椅结构的形状，再通过黏结或者插接将结构固定。通常我们会折成三角形等稳定结构。我们经常也会将瓦楞纸板折叠成座椅构件或其他构件形式，然后再对构件进行黏结或插接（图 4）。图 5 所示为 Fuchs + Funke 工作室设计的 Papton 折叠椅，设计者的设计灵感来自纸飞机。制作要

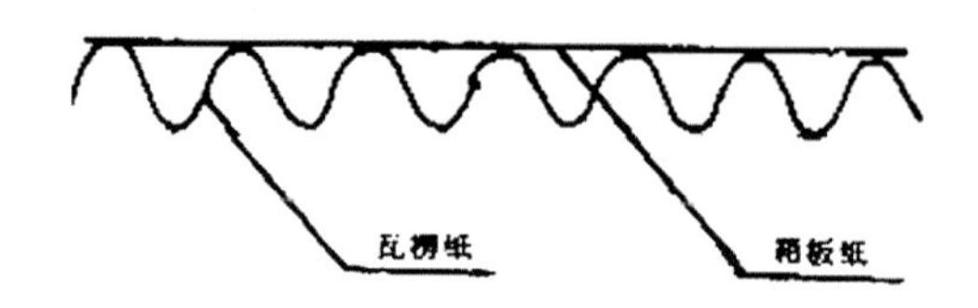

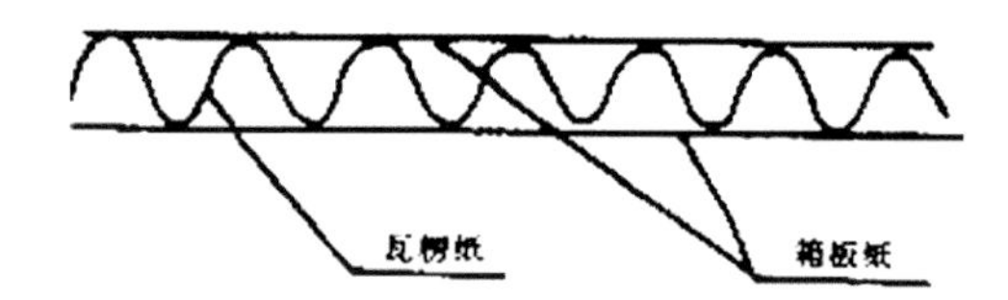

图 1 作业材料：瓦楞纸板

图 2 弗兰克·盖里设计的瓦楞纸板座椅

先在平面上标注好折叠位置，开好槽，然后再按照设计顺序进行折叠、插接。

设计师 Chairigami 设计的一组瓦楞纸板座椅，设计以折叠、插接两种方法将一组简洁呈现在我们面前，椅子的结构仿佛是一体成型，没有任何的多余，同时，设计将椅背与椅座角度调整到钝角，兼顾了座椅的舒适性。图 6 所示是 Lazerian 工作室设计的椅子，其形态是受蜂窝结构启发而设计的，设计的亮点在于结构的特殊性，多个与座椅结构不相关的三棱柱与三棱锥体块黏结在一起，形成了一个能支撑人体重量的蜂窝状座椅（图 7）。

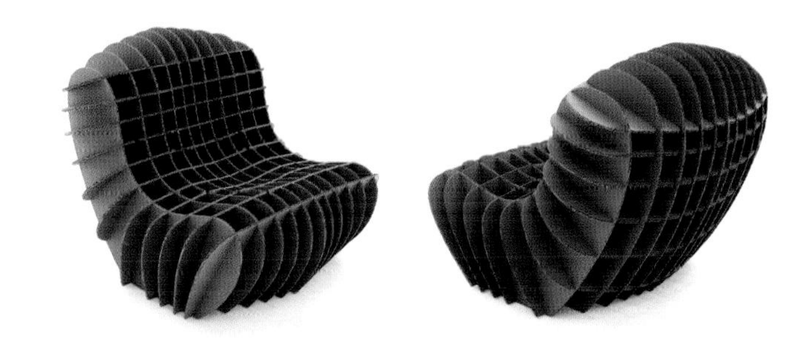

图 3 插接式瓦楞纸座椅

3. 加工方式

瓦楞纸板具有一定的脆性，在进行折叠的时候可以先用尺子在需要折叠的位置上划出印痕（一般在折叠方向上），这样易于折叠并且可以避免在折叠过程中对纸板的损坏。纸板的切割用普通的美工刀即可，黏结则可以使用 UHU 等强力胶，后期对于瓦楞纸的打磨则可以用普通的细砂纸。

图 4 插接式瓦楞纸座椅

4. 人体工程学

人体工程学是研究人机、环境关系的学科，也是家具设计的重要参考依据。因此，在学习结构、材料、美学之前，首先要做的是了解一把舒适的椅子的形态是什么样子的，当然，这与我们的人体结构、身体尺寸以及生活习惯方式有着密切关系。

（1）椅背：椅背的高度往往取决于椅子的使用功能，短时间乘坐的椅子可以没有椅背或者只有一点椅背（例如吧台椅），而长时间乘坐的椅背往往会比较高（例如工作椅）。人在坐没有椅背的椅子时，就会自然保持背部直立的姿势来减

图 5 Fuchs + Funke 工作室设计的 Papton 折叠椅

压，但长期保持这种姿势会对脊椎造成压力，这样我们就需要一个靠背给腰肌放松的机会。人体背部处于自然形态时，腰椎部分前凸。因此，椅背在腰椎部分需要一个腰靠来支撑背部重量。

（2）椅面：人体坐骨粗壮，与其周围的肌肉相比，能承受更大压力。而大腿底部有大量血管和神经系统，压力过大会影响血液循环和神经传导而感到不适。所以坐垫上的压力按照臀部不同部位承受不同的压力的原则来设计，即在坐骨处压力最大，在大腿部位时压力降至最低值，且尽可能增大接触支撑面积。因此，椅子坐面在进深与面宽两个方向上都会有一定弧度。椅面宽度是根据人的胯宽来设定的，而深度是根据大腿宽度来设定的。人体倾仰的活动方式是以踝骨为固定点的膝骨、股骨和肩胛骨的联动活动，人体在倾仰活动中，为了保证座椅的舒适性，椅背在向后倾斜的时候，椅面也会有一定幅度的上倾。

（3）坐面与靠背关系：坐面（靠背）倾角指坐面（或靠背）与水平面所夹角度，使用状态是影响坐面与靠背倾角关系的主要因素，例如工作座椅由于工作时就坐者需向前倾，所以倾角不宜太大，休息座椅则相反，人在放松状态下会后倾，因此需要有一定的倾角。为了背部下方骶骨和臀部有适当的后凸空间，椅面上方与靠背下部之间应有凹入或留一部分开口。

（4）扶手：扶手的高度指扶手上缘到坐面的距离，主要作用是支持手臂的重量，减轻肩部负担。

三、设计过程

（1）方案前期构思，找到一个设计之初的概念（可以从结构和使用方面入手），并以草图的形式进行方案表达。

（2）方案深化设计，在原有的概念基础上，

图 6 Chairigami 设计的瓦楞纸板座椅

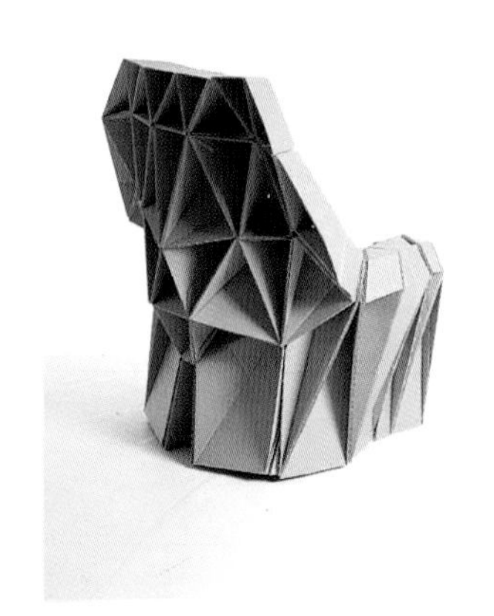
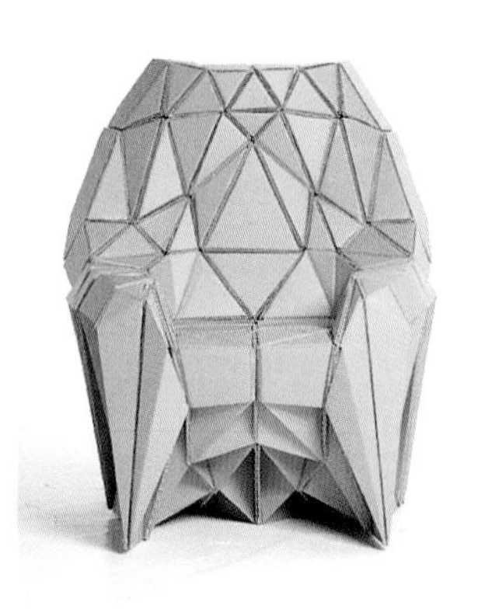
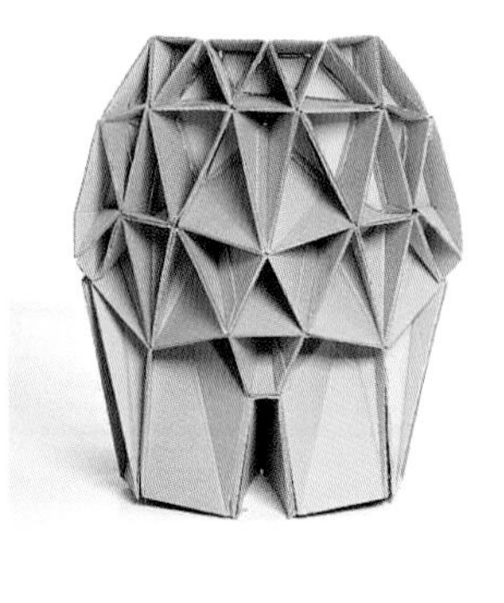
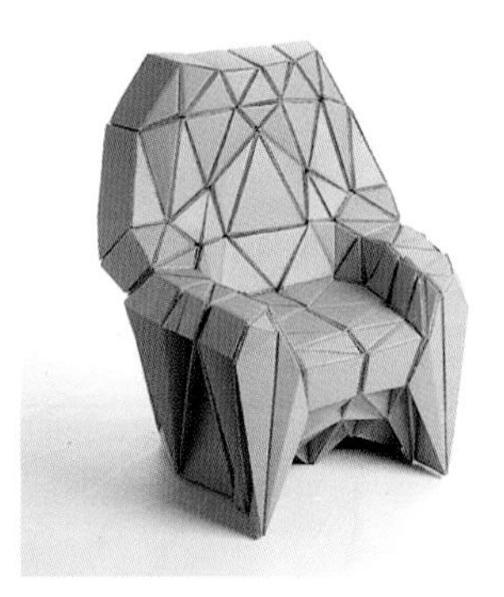

图 7 蜂窝结构的座椅

进行方案结构设计与尺寸设计，并对这个概念方案的其他可能性进行讨论。

（3）细部设计：细致考虑形体各部分的连接方法，可绘制部分节点图及支撑结构图。

（4）实体模型制作：

a）根据方案设计图纸规划好模型制作步骤，之前要计算好材料用量，可列一个预算表。

b）对材料进行加工切割，要协调好加工步骤，并能在加工过程中重新思考方案的设计，体会材料、结构对一个模型的影响，并适时地反馈到方案设计中去。

c）对切割好的材料进行拼接，组合成模型后要进行压力测试，查看是否能承受住人体体重，如若不能，需要对方案进行重新设计。

（5）方案调整：在模型制作过程中，可能会发现之前设计没有考虑充分的一些限制要素，因此会有部分调整。这些调整是对方案设计很好的反馈，在模型制作过程中加深对方案的理解。

四、时间安排

第一周：

（1）任务书介绍；

（2）绘制方案初期概念草图（比例自定，可配文字说明，要求能清楚表达方案）；

（3）讲述人体工程学在座椅设计中的应用；

（4）讲解瓦楞纸的特性、座椅结构形态、模型加工方法等。

第二—四周：

（1）设计草图表达：包含部分概念推敲图、方案分析图及绘制节点详图以及结构形态与连接方式（比例自定，可配文字说明，要有大概的尺寸标注）；

（2）整理设计模型制作步骤，按照设计步骤及设计图纸制作模型，结构部分制作完成，要先进行压力测试（可先制作1：5的模型小样）；

（3）对模型制作过程及成果拍摄照片（表达清楚制作过程）。

第五周：

（1）设计排版；

（2）评图。

设计排版包含草图设计、节点设计、模型制作过程、成果展示四部分。

五、成果要求

（1）A2 图纸 1—2 张（格式详见案例），主要包含以下四个方面内容：

· 概念设计—设计说明（以概念为主，要配有文字或其他说明方式）

· 草图与节点设计（草图要标有大概尺寸，节点设计主要表达结构连接方式）

· 模型制作过程记录（表达清楚制作过程即可）

· 模型成果照片

（2）实体模型（1 ： 1）

课程设计——座椅设计

座椅设计

设计说明

设计之初，我希望结合瓦楞纸的特性，以最简单的结构形态来完成这个座椅，拱形的桥洞给了我灵感。方案利用两种不同高度的 n 形瓦楞纸板叠加后插接，高的一组做椅子的扶手部分，矮的一组做椅子的椅座部分，这样椅子最初的雏形就形成了。

概念方案表达

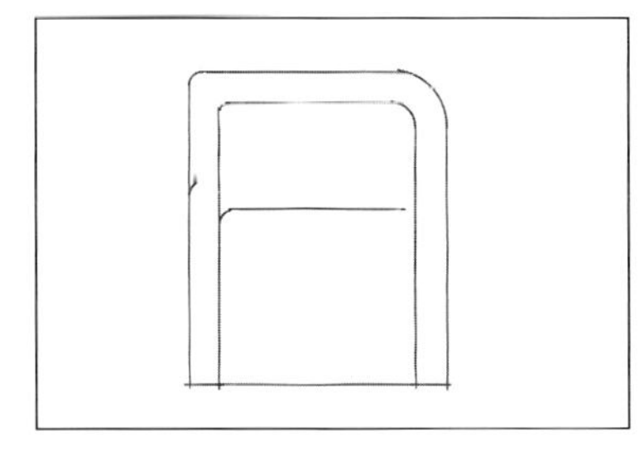

两个 n 形的结构

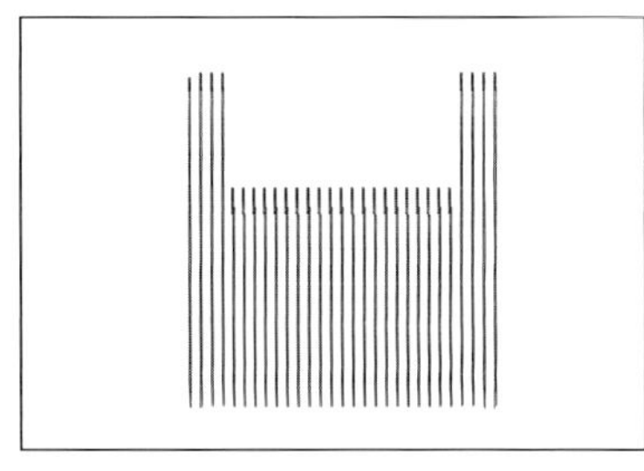

概念形态，前视图

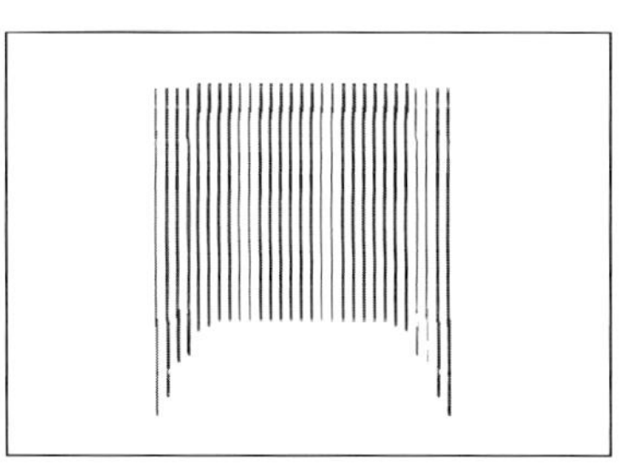

概念形态，顶视图

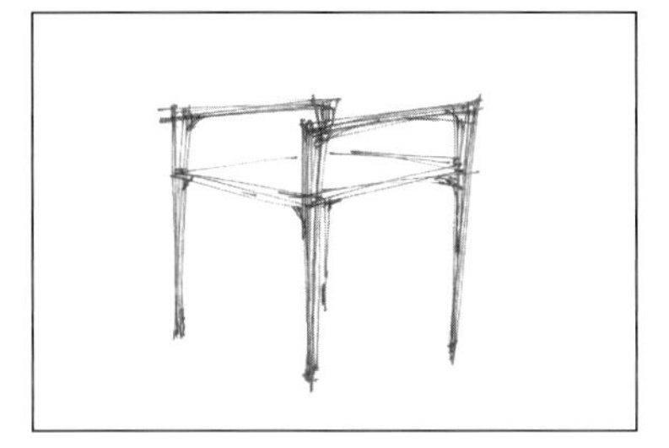

原始结构形态

使用瓦楞纸板特殊结构形态

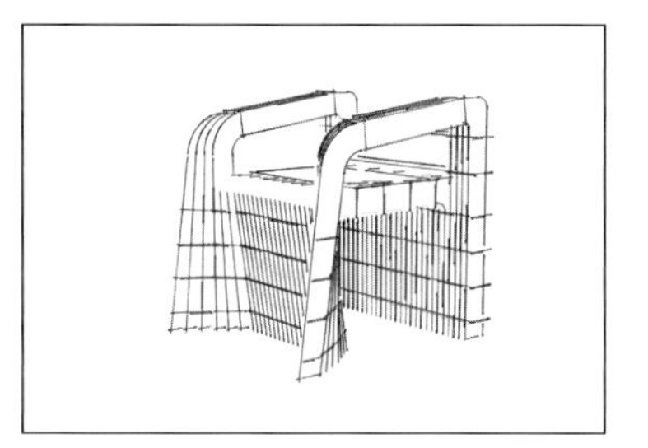

将扇子的概念引入座椅设计。将前半部分按照一定的尺寸错位展开，提升稳定性与舒适性

细部草图

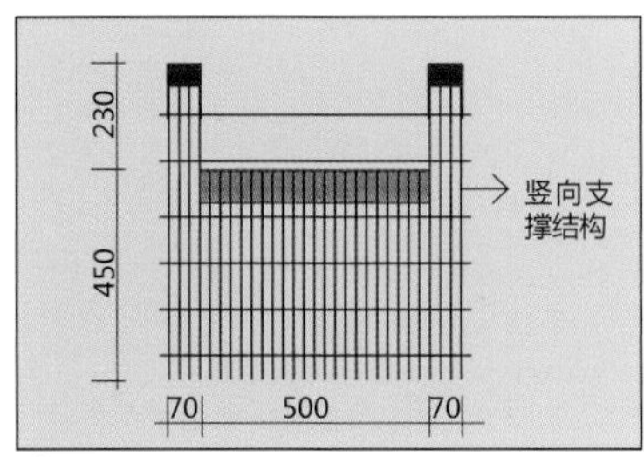

前视图

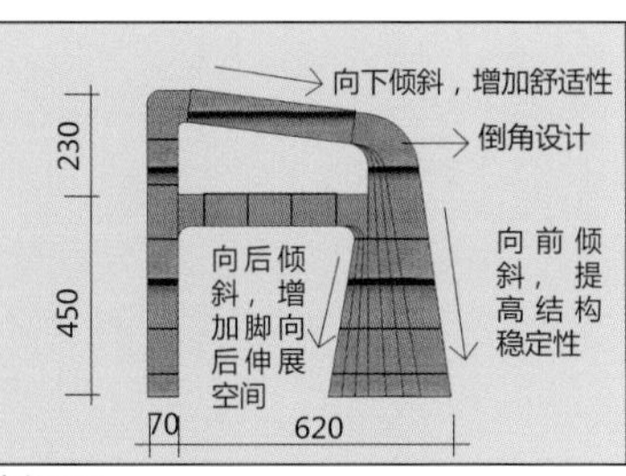

侧视图

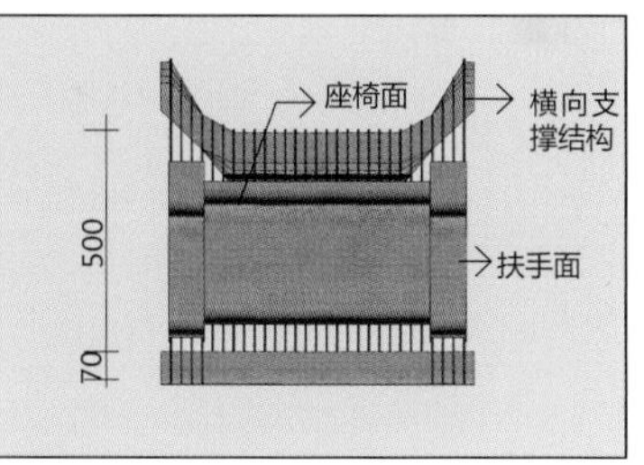

顶视图

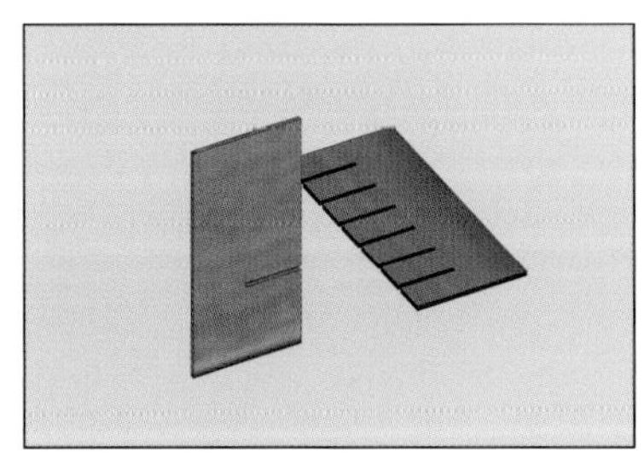

结构连接方式——插接

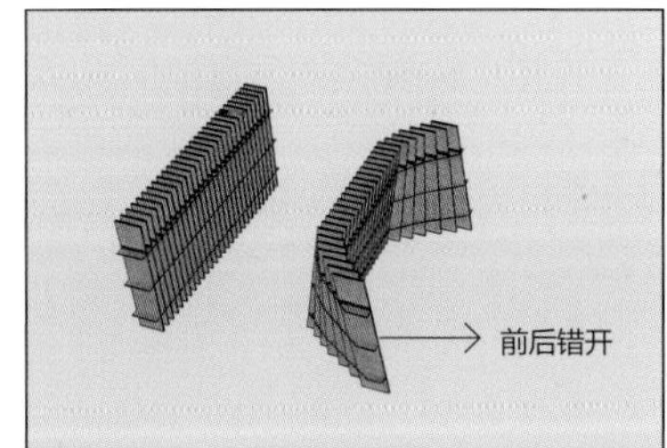

座椅前半部分椅脚，竖向承重结构前后错开，增加座椅稳定性

班级：　　姓名：

成果图

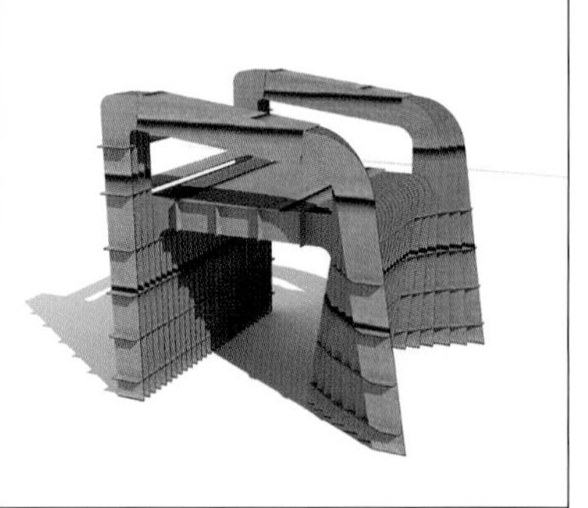

班级：　　姓名：

↗ 第十一章

↗ 课程设计三：学生居住单元

一、作业目的

居住单元空间设计是建筑设计初步中第一个空间操作练习，我们选取了学生比较熟悉的宿舍空间作为题目。宿舍是为学生提供生活、学习和休息的最为主要的空间，因此，在这个作业中，训练的是根据生活体验寻找问题，并且以空间方式加以解决的能力。

1. 通过对学生生活习惯的深入研究，了解使用习惯、功能需求、心理需求等对空间功能分区的影响。

2. 在方案设计时，通过床、桌子、衣柜等家具设计与室内空间设计等，进一步了解人体工程学原理。

3. 通过对宿舍空间的设计，培养学生对于空间的尺度感。

图 1 床的设计范例

二、知识要点

1. 材料选择

对于本次课程设计，我们不做材料限制，学生可以根据自己的需求选择适用的材料。

2. 功能需求

对于学生来说，宿舍不仅仅只是一个睡觉的地方，学生很多学习和休闲活动都是在宿舍里面完成的。因此，在设计宿舍空间时会面临很多的学生诉求，这就需要更大宿舍空间与面积去完成这些功能要求。对于大多数学校而言，不可能无限地扩大宿舍面积。这样就需要设计师解决好空间的大小与功能的需求这两方面的矛盾，怎样在有限的空间内设计出具备更多使用功能的舒适性居住空间就是需要解决的重要问题。要解决功能需求与空间限制之间的矛盾，需要先满足一个居住单元必须具备的功能要求，然后在这个基础上做更多的个性化与人性化设计。

图 2 学习桌设计范例

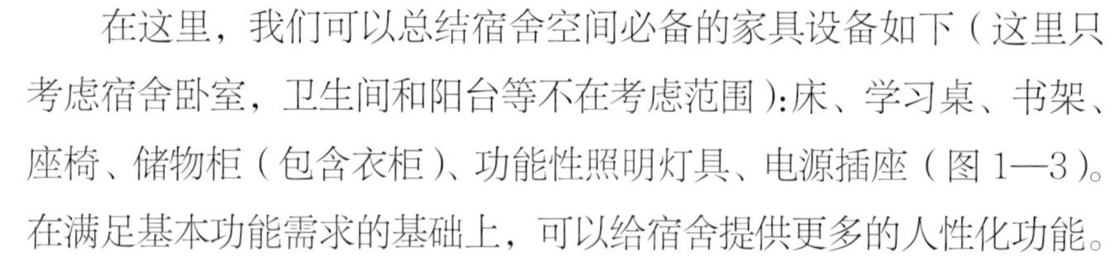

在这里，我们可以总结宿舍空间必备的家具设备如下（这里只考虑宿舍卧室，卫生间和阳台等不在考虑范围）:床、学习桌、书架、座椅、储物柜（包含衣柜）、功能性照明灯具、电源插座（图 1—3）。在满足基本功能需求的基础上，可以给宿舍提供更多的人性化功能。

3. 功能分区

功能分区的定义简单来讲就是根据功能的特性将空间划分成不同区域。合理的功能分区可以避免不同区域之间的相互干扰，分区方式经常会根据动与静、公共与开放、封闭与私密来划分。根据学

图 3 储物空间的整合

生使用的功能需求，我们大概可以将宿舍分为休息区、活动区（活动区包含学习区与休闲区）、储藏区。休息区应尽量设置在相对安静（远离房间主要出入通道）的区域；活动区可布置在私密性较低的区域；受房间面积的影响，储藏区的布置一般较为灵活，可结合其他区域设置，根据使用需求而定，尽量节省房间占地面积。

由于宿舍是多人使用的公共空间，分区方式可以人为单位，每个人有自己的区域范围，在自己的区域内进行功能分区，也可以整个宿舍空间为单位，还可以两种方式结合来进行分区，例如将所有学生休息区划分在一起，其他区域保持每个人独立。以个人为单位的分区形式强调每个学生的私密性，避免共同使用时造成干扰，以整个宿舍空间为单位的分区形式则强调宿舍的整体性，使整个房间的分区更明确，交流性更强（图 4、5）。

图 4 以个人为单位的空间布局

图 5 宿舍作为整体的划分模式

三、设计过程

（1）方案前期构思：通过日常体验分析学生对宿舍的功能需求，对功能需求进行筛选，选出适合本次设计的宿舍功能（考虑房间面积、性别、学生专业等影响）。

（2）方案初步设计：在第一步整理的基础上，对房间区域进行功能划分。分区时，要考虑分区的大小是否够用，以及区域内家具能否满足学生的正常活动。根据学生使用习惯，初步勾勒室内家具的形态，家具设计要以满足学生需求、方便学生使用为基础。

（3）方案深化设计：选定家具材料，结合人体工程学设计家具尺寸与结构形式。将设计好的家具放入到整个室内环境中，对整体进行进一步调整。

四、时间安排

第一周：

（1）任务书介绍；

（2）绘制方案前期概念草图；

（3）确定宿舍空间的功能布局特点。

第二—五周：

（1）结合人体工程学学习，确定室内家具的形态、构造与用途；

（2）绘制简单方案概念草图以及宿舍功能分区图与家具位置摆放图（比例自定，可配文字说明，要求能清楚表达方案）。

第六周：

（1）完成设计图纸：设计图纸包含概念草图设计、平面、立面和剖面，节点设计、室内透视图四部分；

（2）设计排版；

（3）评图。

五、成果要求

A2 排版 2—3 张（格式详见案例），主要包含以下三方面：

（1）概念设计图（两张，一张为平面家具布置，一张为透视概念草图），分区图（一张），设计说明（以概念为主，要配有文字或其他说明方式）。

（2）细节设计图纸：其他根据方案设计最少选择 1—2 个（设计图要标有大概尺寸，家具的使用方法与功能创意部分可配有图片说明与文字说明）。

（3）一张透视图，一张总体轴测图。

课程设计——室内空间设计

室内空间设计

设计说明

设计将宿舍空间分成了动与静两个区域，动区包括学习、娱乐、生活部分，而静区则主要包括休息与储藏。动区部分的设计我们将灵活的曲线加入其中，增加空间层次的丰富度；而静区部分则处理得简洁整齐，为学生创造一个安静的氛围。在两个区域交界的部分，通过半镂空储物架将它们分割，使两个区域既视线相互联通，又有一定的间隔，避免互相干扰。

概念设计图

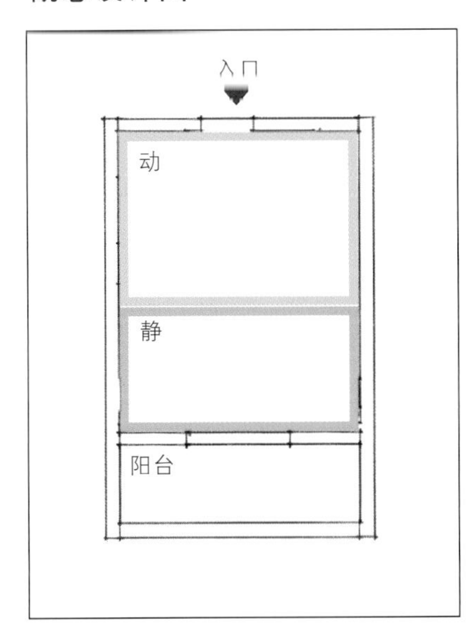

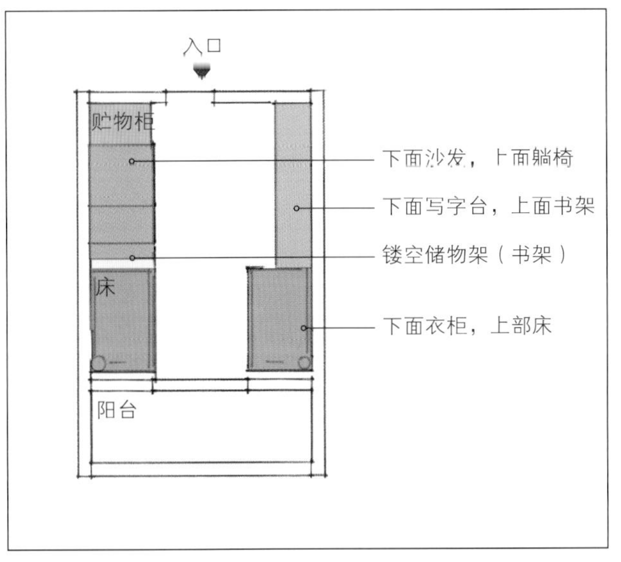

分区图　　家具布置图

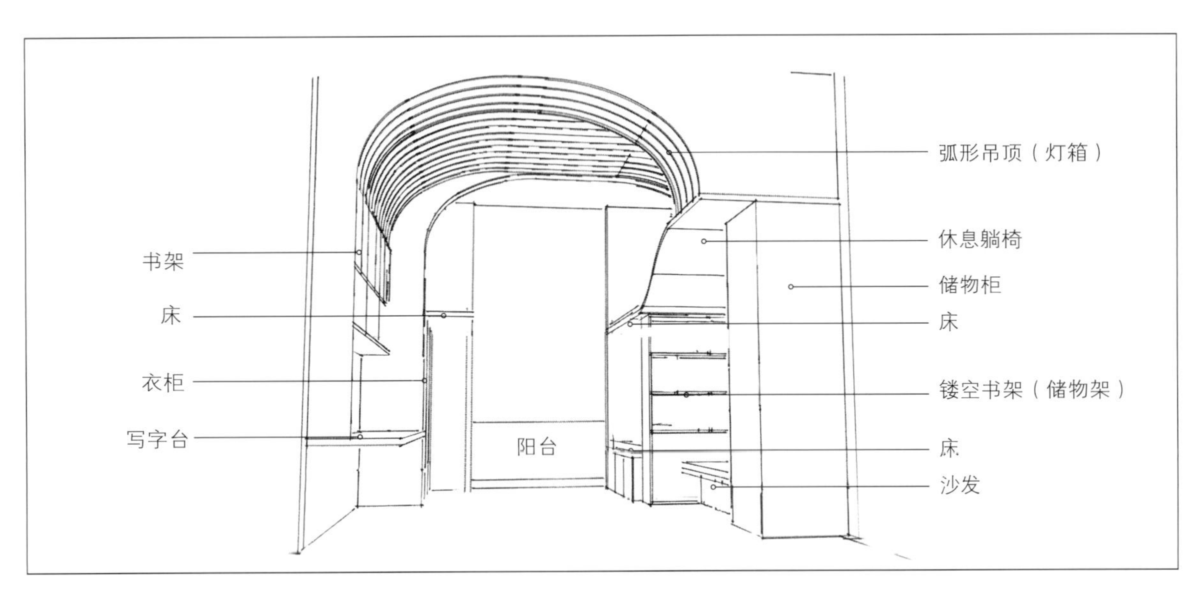

概念草图

家居设计图

写字台 + 灯 + 吊顶 + 书架——一体化设计

设计将顶部设计成弧形，并将顶灯置于其中，为空间提供更均匀采光，增强空间动感。将吊顶结构向下延伸与书架、写字台结合在一起，为活动区域提供一个整体的场所感。

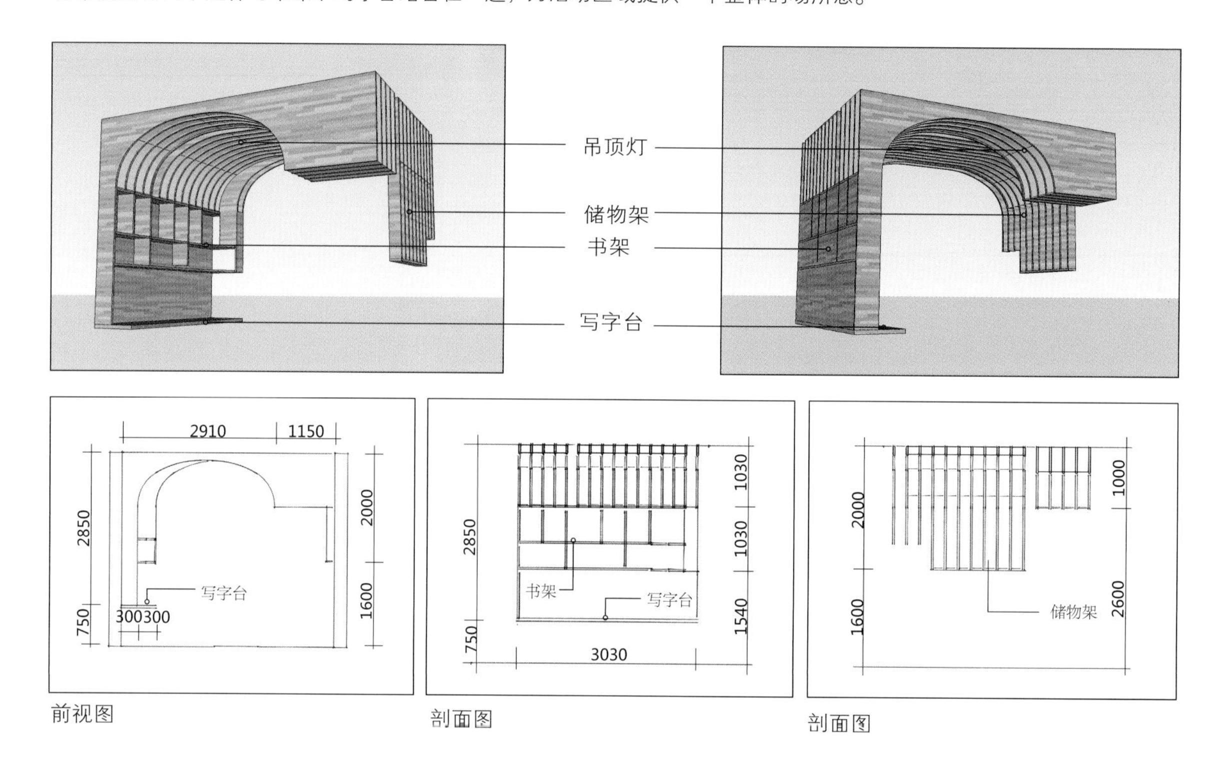

床

床的设计充分考虑了移动互联网对学生生活的影响，因此增加了很多方便学生在床上玩游戏、看电影的设计。

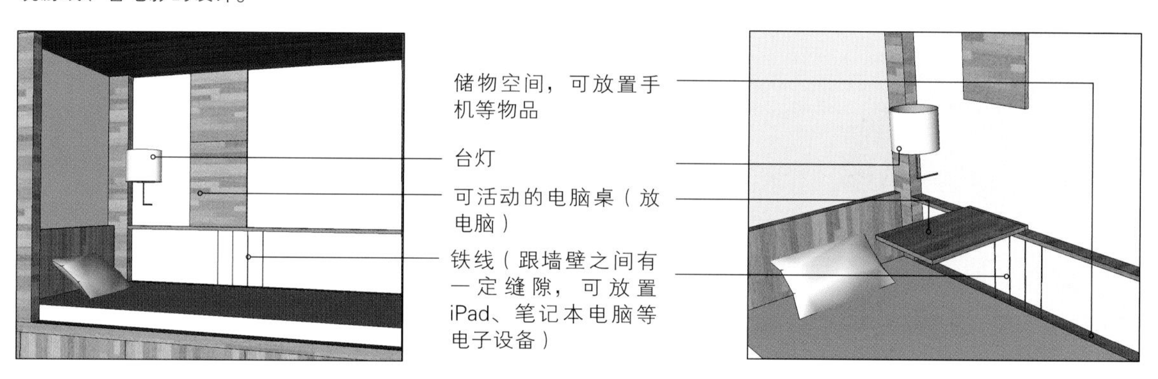

课程设计——室内空间设计

家居设计图

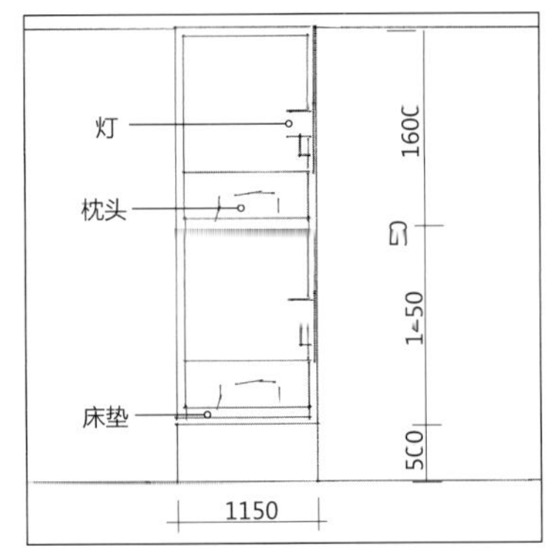

前视图

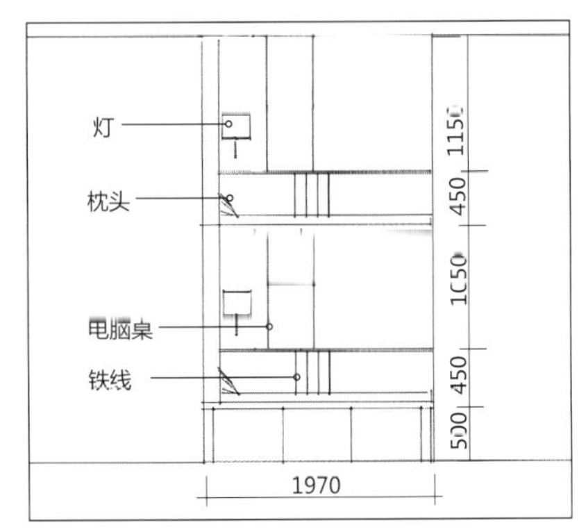

右视图

储物柜

储物柜根据使用需求设计了一个衣柜，一个行李箱存放柜，一个杂物存放柜。

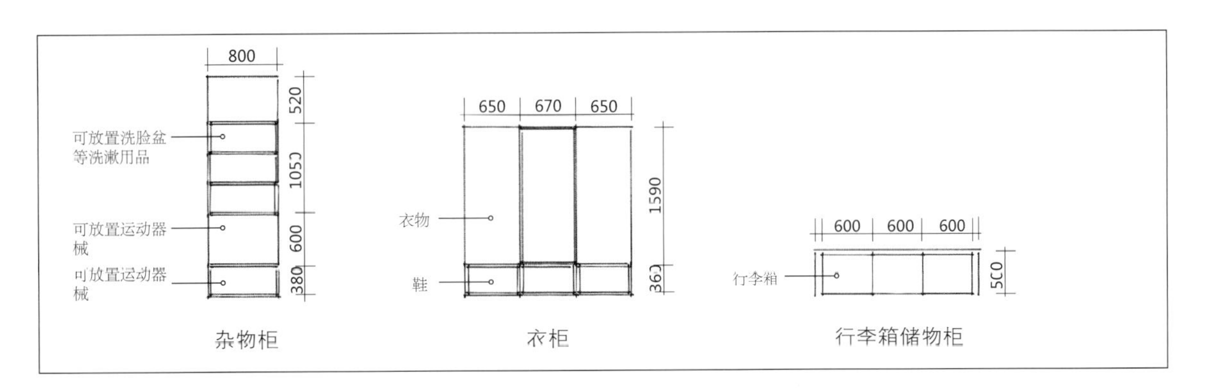

家居设计图

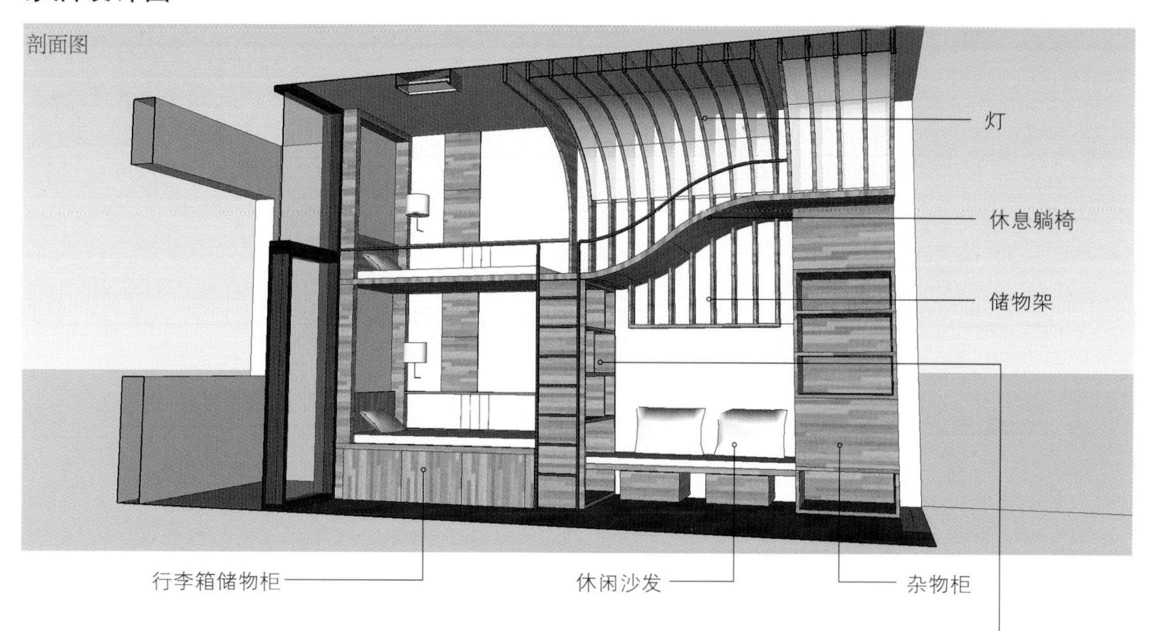

休闲娱乐区

充分利用空间高度，在休息区上面设计了休闲躺椅，在下部则设计了可推拉的沙发座椅，方便宿舍内的娱乐活动与休息读书。

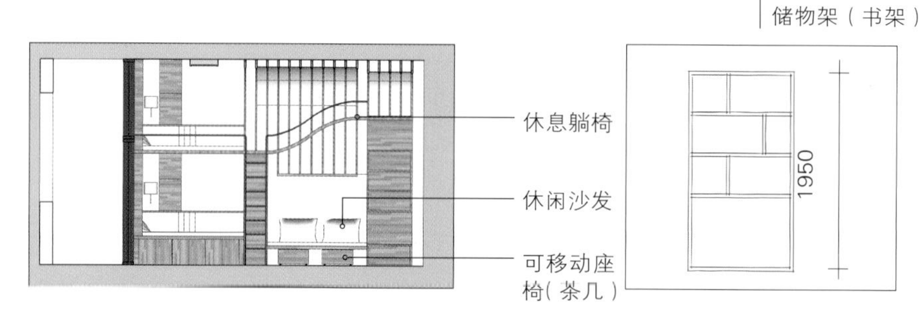

后 记

如果你已经耐着性子阅读到了这里，并且对于建筑设计没有感到厌烦，甚至有一丝丝的好奇和兴趣，那么这本书的目标就达到了。你也应该有信心能够应对接下来在学习过程中出现的各种问题了。设计不是一种技能，不会因为日复一日的练习而精进，它是一种思考和解决问题的方式。敏锐的观察、细致的体会和广泛的知识获取才是正解。

在大多数院校中，《建筑设计基础》一课和一年级基础教学是由年轻教师来讲授的，并不是因为其内容粗浅，不需要睿智和经验，而是因为它需要不断进行突破和锤炼。一方面，它要反映出设计过程的复杂性和多样性，设计当中充满了对现实状况的应对和权衡，设计基础提倡的是多元的思考方式。另外一方面，它又要纯粹和根本。这里的“纯粹”指的是倡导和建立起设计学科独立的价值观体系，“根本”指的是摒弃表象、追根溯源的学术诉求。正因为做到了这两点，很多学校的《建筑设计基础》教学都非常引人入胜，甚至远远超过高年级课程的精彩，例如香港中文大学、东南大学以及同济大学的基础教学都承载了悠久的学术传统和进取的教学态度，同时还有更多学校的教师在默默地不断试验和完善基础教学，这些努力长远来看对于建筑设计学科的发展起着中流砥柱的作用。

在本书的结尾，需要特别感谢大学时的导师陈薇教授，是她告诉了我教学是件多么有趣和有意义的事情。同时要感谢孙铭编辑对于本教材不遗余力的鼓励和独到的见解，也要感谢一起工作的年轻建筑师孙嘉临、张凯文、范倩和 Eric Salmon，为编写和对课程设置的出谋划策，并且反复试验，不断尝试从细节上完善课程设计的环节。虽然，他们的一些革新性想法并没有被完全采用，但是无数次的讨论促使笔者不断地反思和探究，力图使本书变得丰满和鲜活。最后要感谢工作室同事罗昊燕和王欣然辛苦的排版和图片整理工作。

冯 炜

2014 年 8 月

图书在版编目（CIP）数据

建筑设计基础 / 冯炜 著. —上海：上海人民美术出版社，2015.5

中国高等院校建筑学科精品教材

ISBN 978-7-5322-9411-4

Ⅰ.①建… Ⅱ.①冯… Ⅲ.①建筑设计－高等学校－教材 Ⅳ.① TU2

中国版本图书馆 CIP 数据核字（2015）第 028641 号

中国高等院校建筑学科精品教材

建筑设计基础

著　　者：冯　炜

策　　划：姚宏翔

统　　筹：丁　雯

责任编辑：姚宏翔

特约编辑：孙　铭

技术编辑：戴建华

出版发行：上海人民美術出版社

（上海长乐路 672 弄 33 号　邮政编码：200040）

印　　刷：上海丽佳制版印刷有限公司

开　　本：889×1194　1/16　印张 9

版　　次：2015 年 5 月第 1 版

印　　次：2015 年 5 月第 1 次

书　　号：ISBN 978-7-5322-9411-4

定　　价：45.00 元